In loving memory ... Bardino und Lobo.

Originalausgabe
Veröffentlicht im xlibri-Verlag / Sequenz Medien Produktion
Dr. Andreas Mäckler, Fuchstal
Copyright Text und Bilder © 2008 by Anja Griesand, Weilmünster
Layout und Typosystem des Buches: Jessica Allkemper, Oberhausen
ISBN 978-3-940190-36-9

Anja Griesand

Bardino
Hütehund der Kanaren

Für jeden Menschen wird ein Tier geboren,
man muss sich nur finden.

(Anja Griesand)

www.Bardino-in-Not.de

Bardino ...

und Lobo.

■ Inhalt

Zur Person – Was mich bewegt ...

■ Aus Tropfen werden Meere

Seit vielen Jahren beschäftige ich mich nun schon mit der Hunderasse Bardino, und je mehr ich über diese einzigartigen Hütehunde der Kanaren herausfinde und erfahre, umso mehr bin ich von dieser Rasse fasziniert.

Mit meiner Homepage www.bardino.de leiste ich bereits seit einigen Jahren im Internet „Pionierarbeit" mit breit gefächerten Informationen rund um die Hunde dieser Rasse. Im August 2007 kam dann www.Bardino-in-Not.de dazu – eine Website, die einen weiteren Meilenstein für die Vermittlung der Bardinos auf den Kanaren setzt.

Lange habe ich überlegt, ob ich meine Erfahrungen und Gedanken zusätzlich in einem Buch zusammenfassen sollte, zumal ich immer häufiger darauf angesprochen werde. Vor allem bei meinen Kanarenbesuchen und im Gespräch mit den zahlreichen Freunden der Bardinorasse im In- und Ausland wurde der Wunsch an mich herangetragen, meine Recherchen und Gedanken in einem Buch zusammenzufassen. Dies ist nun geschehen, und ich hoffe, dass Ihnen das vorliegende Buch genauso viel Freude machen wird, wie es mir beim Schreiben und bei der Ausarbeitung der langjährigen Recherchen gemacht hat.

Dieses Buch widme ich in erster Linie meiner Familie, die mich schon seit vielen Jahren im Tierschutz unterstützt. Ohne Euch wäre so vieles nicht möglich gewesen. Ich danke Euch!

Außerdem widme ich dieses Buch allen Menschen, die selbstlos im Tierschutz tätig sind und dadurch die Welt ein wenig besser machen:

Nicht diejenigen, die die gleiche Sprache sprechen,
sondern diejenigen, die die gleichen Gefühle teilen,
können einander verstehen!

(Autor unbekannt)

Anja Griesand
Mai 2008

■ Wie alles begann: Wieso Tierschutz?

Seit ich denken kann, ist die Liebe zu den Tieren ein zentrales Thema in meinem Leben. Schon als kleines Kind habe ich ständig die Nähe zu Tieren gesucht, und ich freue mich, dass es heute bei meinen eigenen Kindern nicht anders ist.

Ständig schlug ich die Mausefallen meiner Uroma Minchen auf dem Speicher mit dem Besen zu, fütterte eine Maus, die sich in die Küche meines Elternhauses verirrt hatte, heimlich mit Brot und Käse, wodurch das Stück Käse in der Mausefalle für sie an Verlockung verlor. Die Katze Mohrchen meines Opas Adi war also „arbeitslos".

Auch sperrte ich eine Straße in unserem Ort, damit eine Kröte in Ruhe über die Straße laufen konnte. Das Hupkonzert störte weder die Kröte noch mich. Zahlreiche Schnecken wurden über die Straße befördert. Sie waren ja so langsam.

Besuchte ich meine Oma Else, war ihr Hund Rex immer mein allerbester Freund. Wie fast alle Wachhunde in den 70er Jahren lag er an der Kette. Rex sah übrigens dem Bardino, der in meinem Leben eine so große Rolle spielen sollte, ganz schön ähnlich! Ihm fehlte aber die Stromung. Mein Besuch war für Rex immer das Ereignis des Tages. Ich erinnere mich noch, dass meine Mutter und meine Oma mich verzweifelt suchten. Ich saß bei Rex in der Hundehütte und war so damit beschäftigt, ihn hinter dem Ohr zu kraulen, dass ich die Welt um mich vergessen hatte. Rex hatte übrigens mein Opa Franz als erwachsenen Hund aus dem Tierheim geholt. Rex wurde sehr alt.

Mit 5 Jahren bekam ich schließlich meinen ersten Hund, einen Dackel namens Axel. Ich getraue mich kaum zu schreiben, dass er manchmal ein Puppenmützchen tragen und im Puppenwagen mitfahren musste. Mir läuft es heute als Mutter eiskalt den Rücken herunter, wenn ich daran denke, dass ich als kleines Kind den Hund Axel regelmäßig beim Gassigehen auf die Hochsitze mitnahm, damit er auch einmal in die Ferne schauen konnte. Er war ja so klein. Axel liebte Hochsitze. Meist stand er aufrecht auf den Hinterpfoten und schaute sich die Umgebung an. Dem alten Schäferhund Hasso aus der näheren Nachbarschaft brachte ich oft Essensreste, und sprach stundenlang mit ihm. Der arme Kerl fristete ein trauriges Leben an der Kette. Ich war sein tägliches „Highlight".

Natürlich: Wie alle kleine Mädchen wünschte ich mir ein Pony, wofür wir aber zu Hause leider keinen Platz hatten. Die Tiervermittlungssendung „Herrchen gesucht" war für mich als kleines Kind schon immer ein Pflichtprogramm. Während des Familienurlaubs in Jugoslawien verbrachte ich mehr Zeit mit dem Grasrupfen für die Esel als mit Spielen und Schwimmen am Strand.

Pferdebesitzer liebten mich, ich striegelte wie verrückt ihre Pferde und mistete den Stall aus. Natürlich ohne Bezahlung. Mohrrüben kamen bei uns selten auf den Tisch, ich stahl sie grundsätzlich aus dem Garten meiner Oma Erna und brachte sie meinen geliebten Pferden Diamant und Peter. Mit 12 Jahren war ich auf einem Reiterhof bei Hamburg, wo ich mit großer Leidenschaft die Pferde Neptun und Artus versorgte. Ich hätte sie so gern mit nach Hause genommen.

In den Ferien bei meiner Oma Else ging ich täglich Gassi mit einem Afghanen namens Panjim. Panjim drehte jedes Mal richtig durch, wenn ich ihn abholte. Es war schon verwunderlich, dass ich mit so einem großen Hund problemlos klarkam. Immerhin war ich erst 12 Jahre alt.

Im Winter brachte ich Heu für die Tiere in den Wald. Dass ich auch die Vögel fütterte, war selbstverständlich.

Schließlich kam der Tag, der mir die Augen für das Leid der Tiere im Ausland öffnete. Mit 15 Jahren war ich mit meinen Eltern in Urlaub auf La Manga del Mar Menor in Spanien. Schnell fiel mir ein großer schwarzer Hund auf, der dort umherstreunte. Behutsam lockte ich ihn an und gab ihm etwas zu essen. Er hatte eine Verletzung an der Wange. Schließlich bettelte ich meine Eltern an, ihn mitnehmen zu dürfen, aber mein Vater meinte, der Hund habe bestimmt einen Besitzer und man könne nicht einfach ein Tier nach Deutschland mitnehmen. Eines Abends kam der Hund dann nicht mehr. Ich suchte ihn überall, bis mir jemand sagte, dass der Hund abgeholt worden war und jetzt in einem Tierheim lebe. Damals dachte ich mir, dass der Besitzer seinen wunderschönen Hund dort mit Sicherheit abholen werde ... Und noch heute hoffe ich, dass es auch so geschehen ist. Mir ist dieser Hund niemals mehr aus dem Kopf gegangen. Bei jedem großen schwarzen Hund, den ich aus dem Ausland vermittle, denke ich an ihn – an den großen schwarzen Hund, den ich „Chico" nannte.

Immer häufiger drehten sich meine Gedanken um die Hunde, die in Tierheimen lebten. Aber meine Eltern erlaubten mir nicht, diese Hunde in den Tierheimen zu besuchen, wohl wissend, dass wir dann nicht mehr ohne einen Zweithund nach Hause fahren würden.

Mit 18 Jahren lernte ich auf einem Basar Tierschützer aus meiner heimatlichen Umgebung kennen. Ich fragte gleich, ob ich helfen dürfe. – Natürlich durfte ich helfen ... Von diesem Tag an bin ich mit Leib und Seele dem aktiven Tierschutz verschrieben.

Egal, ob zu Hause oder im Urlaub: Überall hatte ich ein Auge für Not leidende Tiere, die es beherzt „zu retten" und von ihrem Unheil zu befreien galt: In Kenia fand ich einen Wildvogel mit verklebten Flügeln, den ich wochenlang aufpäppelte. Am anderen Ende der Welt, in Neuseeland, halfen mein Mann und ich dem R.S.P.C.A. (Tierschutz in NZ) bei der Befreiung von „Pighunting Dogs", die in viel zu kleinen Drahtkäfigen gehalten wurden. In Australien lief uns unser wundervoller Dingo-Mix „Dingo" zu, den wir trotz großer Schwierigkeiten mit nach Deutschland nahmen. In Australien zogen wir zahlreiche getötete Kängurus von der Straße. Im Beutel eines Wallabys (kleine Känguru-Art), das zuvor überfahren worden war, fanden wir ein kleines, noch fellloses Wallaby mit gebrochenem Bein. Das Kängurubaby wurde nach mir benannt und von befreundeten australischen Tierschützern („W.E.A.R.S. of Central QLD Inc.", Wildtier-Tierschutz) aufgezogen. Auch Bella, die liebe, doch leider ausgesetzte Jagdhündin mit Räude, sowie unsere einzigartigen Schafe „Samy", „Charly", „Bonny" und „Blacky" und nicht zuletzt unsere wunderbaren Katzen „Mausi-Minou" und „Julchen" – sie alle kreuzten meinen Weg und sind nur ein kleiner Teil jener Tiere, die ich rettete bzw. von der Straße aufgriff. Jedes dieser dankbaren Geschöpfe wird gedanklich immer in meiner Nähe sein.

Zum deutschen Tierschutz kam irgendwann der Auslandstierschutz hinzu. Während eines Mallorca-Urlaubs traf ich die mallorquinische Tierschützerin Maxi Lange (SOS Animal Mallora) und half ihr fortan bei der Vermittlung von Hunden nach Deutschland. Ich erinnere mich noch an Abholungen von Hunden, bei denen ich mit meinen beiden quicklebendigen Kleinkindern am Flughafen stand. Ein Kind an der Hand und eines sitzend auf der Hundebox.

Für unsere Kinder waren Abholungen am Flughafen immer etwas Besonderes. Noch heute begleiten sie mich gern, wenn ich Hunde abhole oder Vorkontrollen mache. Es gehört ganz einfach zu unserem Leben.

Auf einer Suche nach einem Großhund lernte ich dann auch Christiane Herold kennen und damit die Tierhilfe Fuerteventura e.V. Sie erzählte mir von einem Doggenmischling, der schon lange im Tierheim auf Fuerteventura lebte. Sie beschrieb den Hund so leidenschaftlich, dass mein Mann und ich ihn unbesehen nahmen, ohne vorher auch nur ein Foto von ihm gesehen zu haben. Da der damals noch sehr „junge" Tierschutzverein wenig Flugpaten hatte, boten wir uns an, unseren „Falko" selbst abzuholen und gleichzeitig als Flugpaten zu fungieren. Dies war für meinen Mann Carsten und mich der Startschuss zur aktiven Unterstützung der Tierhilfe Fuerteventura e.V.

Ich möchte an dieser Stelle bewusst auf die Schilderung der schlimmen Vorkommnisse verzichten, die wir alle mehr oder weniger schon gehört oder in den Medien gesehen habe. Leider musste ich im Laufe meiner Tierschutztätigkeit auch zahlreiche traurige Tierschicksale erleben und auch für mich verarbeiten. Aber das sollte nur umso mehr Ansporn dazu sein, uns gerade auch um die hilfsbedürftigen Tiere zu kümmern. Wie alle anderen Lebewesen haben auch sie unsere ganze Zuneigung und Fürsorge verdient.

Für jeden Tierfreund den passenden Hund in den Tierheimen zu finden – das ist eine der Aufgaben, die ich nun schon seit Jahren mit großer Freude und ebenso großer Sorgfalt für den Tierschutz ausübe. Mehr und mehr wurde es mir dabei zum Anliegen, meine vielfältigen Erfahrungen mit den Hunden der Kanaren, insbesondere mit dem großartigen Bardino, in einem Buch für alle Hundefreunde zusammenzutragen.

Aber nicht allein für die Hundefreunde hält dieses Buch interessante Entdeckungen, Erfahrungen und Einsichten bereit: Auch für diejenigen, die Hunden bisher lieber aus dem Weg gegangen sind, bietet es viele Anlässe, den Hund an sich und sein Verhalten besser zu verstehen und vielleicht auch wieder Freundschaft mit ihm zu schließen.

Ganz gleich, mit welcher Vorstellung Sie, liebe Leserinnen und Leser, an das Buch herantreten, Sie werden es bald selbst erfahren: Hier geht es um die aufrichtige Liebe zur Kreatur, um das beherzte Engagement für den Tierschutz und vor allen Dingen um die Faszination an den großartigen Bardinos, den „grünen" Hunden der Kanaren.

■ Die erste Begegnung mit einem Bardino

Als ich 1988 meinen ersten Bardino auf Lanzarote sah, war dies eine Erfahrung der ganz besonderen Art. Es war der Beginn einer wohl niemals mehr endenden Begeisterung für diese außergewöhnliche Hunderasse.

Wir hatten damals selbst zwei Schafe, zwei richtige Tierschutzfälle, die natürlich nicht auf den Speiseplan kamen, sondern wie Hunde mit uns Gassi gingen und sonst einfach nur ein schönes Leben führten. Es war mein besonderes Interesse an diesen Tieren, das mich während eines vierwöchigen Urlaubs auf Lanzarote immer wieder zu den Schaf- und Ziegenherden hinzog. Denn als Besitzer von Schafen hat man ja einen ganz anderen Blick dafür als jemand, der einfach „nur" vorbeifährt. So sah ich eines Tages in einer Herde auch ein humpelndes Tier und „etwas Schwarzes", das auf dem Boden lag. Ich weiß nicht warum, mir war jedenfalls nicht klar, dass es sich dabei auch um einen Hund handeln könnte. Aus irgendeinem Grund hielt ich es wohl für ein verletztes schwarzes Schaf.

Klar, ein leidenschaftlicher Tierschützer wie ich muss in diesem Fall sofort nachschauen, ob Hilfe notwendig ist. Gesagt, getan. Ich ging auf die Herde zu – kein Schäfer weit und breit. Das humpelnde Schaf verschwand in der Herde, und ich näherte mich dem schwarzen „Etwas". Plötzlich bewegte sich das „Etwas" und stand bereits einen Lidschlag später tief knurrend und Zähne zeigend vor mir. Ich weiß noch, wie ich bei mir dachte: „Wie kann der Hund so schnell sein?"

Ich versuchte, dem Hund mit meiner Körpersprache zu zeigen, dass ich nichts Böses im Schilde führte, doch wollte mir der große schwarze Hund das nicht abnehmen. Daraufhin versuchte ich, ihn mit leiser Stimme zu beschwichtigen. Aber er fixierte mich weiterhin tief grollend mit seinen dunklen Augen. Auch meinen Versuch, einen Schritt zurückzutreten, wusste der Hund durch ein umso bedrohlicheres Knurren zu unterbinden. Also blieb mir nichts anderes übrig, als einfach stehen zu bleiben und in der sengenden Mittagshitze auszuharren. Wer einmal auf Lanzarote war und dort schon einen der wenigen windstillen Tage erlebt hat, weiß, was Hitze bedeutet.

Seufzend beobachtete ich den anderen Hütehund, wie er sich gelegentlich der Herde näherte, sie kurz zusammentrieb, eine Runde drehte und sich wieder hinlegte. Immer wieder kreisten sich meine Gedanken um die Feststellung: „Diese Hunde sind in Sekunden von 0 auf 100!" und mir ist nicht klar, warum ich so beharrlich daran dachte. In den langen Minuten, unerbittlich gestellt von dem schwarzen Hund, konnte ich das Verhalten dieser Hunde ein wenig „studieren". Die meiste Zeit verbrachten sie damit, scheinbar teilnahmslos dazuliegen. Entfernte sich aber ein Schaf von der Herde, war der Hund - schneller als ein Wimpernschlag - sofort zur Stelle. Die Hunde waren in der Tat stets hellwach und aufmerksam, wenn es auch für den Beobachter so schien, als würden sie immerfort nur gelangweilt dösen. Diese Hunde hatten wirklich die Ruhe weg: Der eine Hund stellte mich beharrlich und ohne Nachsicht, der andere arbeitete seelenruhig weiter und schenkte mir keinerlei Aufmerksamkeit!

Solange ich unbeteiligt wirkte und den Hund nicht ansah, knurrte dieses „kleine Monster" nicht, doch sobald ich in irgendeiner Form auch nur an Flucht dachte, brummte er wieder los. Es war ein Knurren, wie ich es noch nie von einem Hund gehört hatte. Der Hund zeigte keinerlei Unsicherheit, es war ein tiefes Knurren. Ein Knurren, das man nie vergisst. Ich weiß noch, dass ich damals dachte: „So würde sich ein Höllenhund anhören, wenn es denn die Hölle gäbe". Der große schwarze Hund schien meine Gedanken lesen zu können. Er fixierte mich – teilweise neugierig, teilweise feindselig und doch irgendwie wissend. Mir war, als schaute der Hund mir durch seine Augen direkt in die Seele. Ich wusste ja, man sollte feindseligen oder ängstlichen Hunden nie in die Augen sehen, aber diese Augen faszinierten mich dermaßen, dass ich immer wieder verstohlen hinschaute.

Einige Zeit später, mir war damals, als seien Stunden vergangen, und vielleicht nicht nur tatsächlich 30 Minuten, näherte sich ein älterer Mann mit Hut und Ziegenstock sowie einem weiteren Exemplar dieser „Ungeheuer" der Schafsherde. Es folgte ein greller Pfiff, und der Bardino ließ mich flugs stehen und lief zu seinem Herren.

Der zahnlose Conejero (Conejero = Mensch der auf Lanzarote geboren ist) fragte mich in einem Spanisch, das für mich doch schwer zu verstehen war, was ich denn hier bei seiner Herde treiben würde. Mir fiel spontan nichts anderes ein, als grinsend mit „Schafe schauen!" zu antworten. Da lachte der Mann und zeigte auf seine Hunde. Darauf bemerkte ich anerkennend: „Die Hunde haben gut aufgepasst! Es sind gute Hunde. Wie heißen die Hunde?" Und wieder zeigte er sein zahnloses Lächeln und sagte dann etwas, was ich nie vergessen werde: „Das sind die Hüter unserer Herden und Wächter unserer Häuser, die Bardinos! Es gibt keine besseren Hunde als unsere Bardinos!"

Als ich Jahre später meinen ersten eigenen Bardino bekam, musste ich oft an den alten Hirten denken, und noch heute stimme ich ihm aus tiefsten Herzen zu: Es gibt keine besseren Hunde als Bardinos.

■ Das Leben der Bardinos auf den Kanaren

Für mich ist der Bardino eine wunderbare Hunderasse, die ich aus tiefstem Herzen schätze und liebe. Ein Bardino verkörpert alles, was ein Hund haben bzw. darstellen sollte. Bardinos sind mutig und wachsam, ausgeglichen und aufgeweckt, energisch und ruhig, immer genau dann, wenn der richtige Zeitpunkt dafür ist. Sie sind teilweise stur und eigensinnig, sie denken mit, reagieren pfeilschnell und stellen scheinbar mit ihrer Intelligenz Dinge in Frage, die wir Menschen als selbstverständlich ansehen. Diese Hunde haben einen ganz eigenen Charme, der einen binnen kürzester Zeit gefangen nimmt.
Kurz: Einmal Bardino, immer Bardino!

Der Bardino ist der Hütehund der Kanaren, wird aber auch als Wach-, Begleit- und Familienhund gehalten. Meist führen die Hunde ein trauriges Leben an der viel zu kurzen Kette, oder sie werden auf den Flachdächern der Häuser in der prallen Sonne gehalten, hier meist sogar auch noch an Ketten fixiert. Manchmal werden sie auf viel zu kleinen Balkonen und in Erdhöhlen gehalten.

Auf den Kanaren besteht Kettenhundpflicht. Dies bedeutet, ist das Grundstück nicht „ausbruchsicher" und hat es keinen Zaun, soll der Hund an die Kette. Wird ein Hund beim Streunen aufgegriffen, kommt er in so genannte „Auffangstationen" (Perreras). Holt ihn sein Besitzer dort nicht innerhalb von 21 Tagen ab, darf der Hund laut Gesetz nach 21 Tagen eingeschläfert werden. Dieses Gesetz kennt so gut wie keine Gnade und wirft ein negatives Licht sowohl auf diejenigen, die es beschlossen haben, wie auch auf diejenigen, die es befolgen oder auch nur dulden. Denn echte Gründe dafür gibt es nicht, eher nur fadenscheinige Argumente: Angeblich übertragen die Tiere Krankheiten, streunen um die Müllcontainer herum, reißen Futtersäcke auf und töten aus Hunger die freilaufenden Ziegen, Schafe und Kaninchen – und mit den Kaninchen gehen den Jägern die so beliebten Jagdobjekte für ihre „Podencos" (Jagdhunde) verloren.

Die Kanaren gehören geografisch zwar zu Afrika, doch politisch zu Spanien (also zu einem EU-Staat) und haben somit umfassende, allgemein gültige Tierschutzgesetze. Daher ist es einfach nicht zu fassen, was den Tieren in dieser Region trotz geltendem EU-Recht angetan wird. Wie kann es ein Land zulassen, dass in Stierkampfarenen und beim Training jedes Jahr Tausende von

Stieren qualvoll getötet werden und beispielsweise auch brutalste Hahnen-kämpfe von Hahnenkampfvereinen organisiert und als Hobby deklariert werden können. Für einen normal empfindenden Menschen ist es einfach unvorstellbar, wie ein anderer Mensch sich bei einer derart niederträchtigen Tierhaltung nicht schäbig und unmenschlich vorkommen kann! Wenn ich erfahre, was den Tieren in unserer so modernen Zeit angetan wird, so frage ich mich, ob wir Menschen nicht richtig denken können oder wollen? Auch Tiere sind – ebenso wie wir – Geschöpfe Gottes! Sie müssen vor Misshandlungen und Leid jeder Art geschützt werden, denn alle Tiere haben ein Recht auf ein angemessenes Leben. Ich kann mich nur dem deutschen Philosophen Arthur Schoppenhauer (1788-1860) anschließen, der da sagte:

Wer gegen Tiere grausam ist,
der kann kein guter Mensch sein.

Weit verbreitet und auch typisch für so manchen Hundehalter auf den Kanaren ist etwa die Ansicht, dass Hunde sich ja vom Abfall ernähren und „frei" leben könnten, d. h. nach Auffassung der Besitzer auch streunen sollen bzw. „dürfen". Ferner herrscht häufig das Vorurteil, dass Hunde beißen und stinken, schmutzig sind und Krankheiten übertragen. Auch geht man davon aus, dass ein Hund nicht jeden Tag Wasser und Futter benötigt. Und warum überhaupt muss ein Tier bei Wind, Sonne und Regen eine Schutzhütte oder einen anderen Unter-stand haben? Es ist doch „nur" ein Tier!
Ein Wegwerfartikel der Gesellschaft ...

Viele verschiedene Tierschutzvereine bemühen sich seit etlichen Jahren verzweifelt darum, das Tierleid auf den Kanareninseln einzudämmen oder gar zu verhindern. Sie nehmen ausgesetzte, misshandelte und auch Abgabetiere in ihre Obhut. Die meisten Tierschützer versuchen darüber hinaus, ihre Schützlinge nach dem Impfen und Kastrieren auf den Kanaren an Einheimische und Zuge-zogene zu vermitteln oder über verschiedene Internetseiten nach Deutschland, Österreich, Belgien, Niederlande und in die Schweiz zu vermitteln. Teilweise werden sogar Hunde in skandinavische Länder wie Dänemark vermittelt.

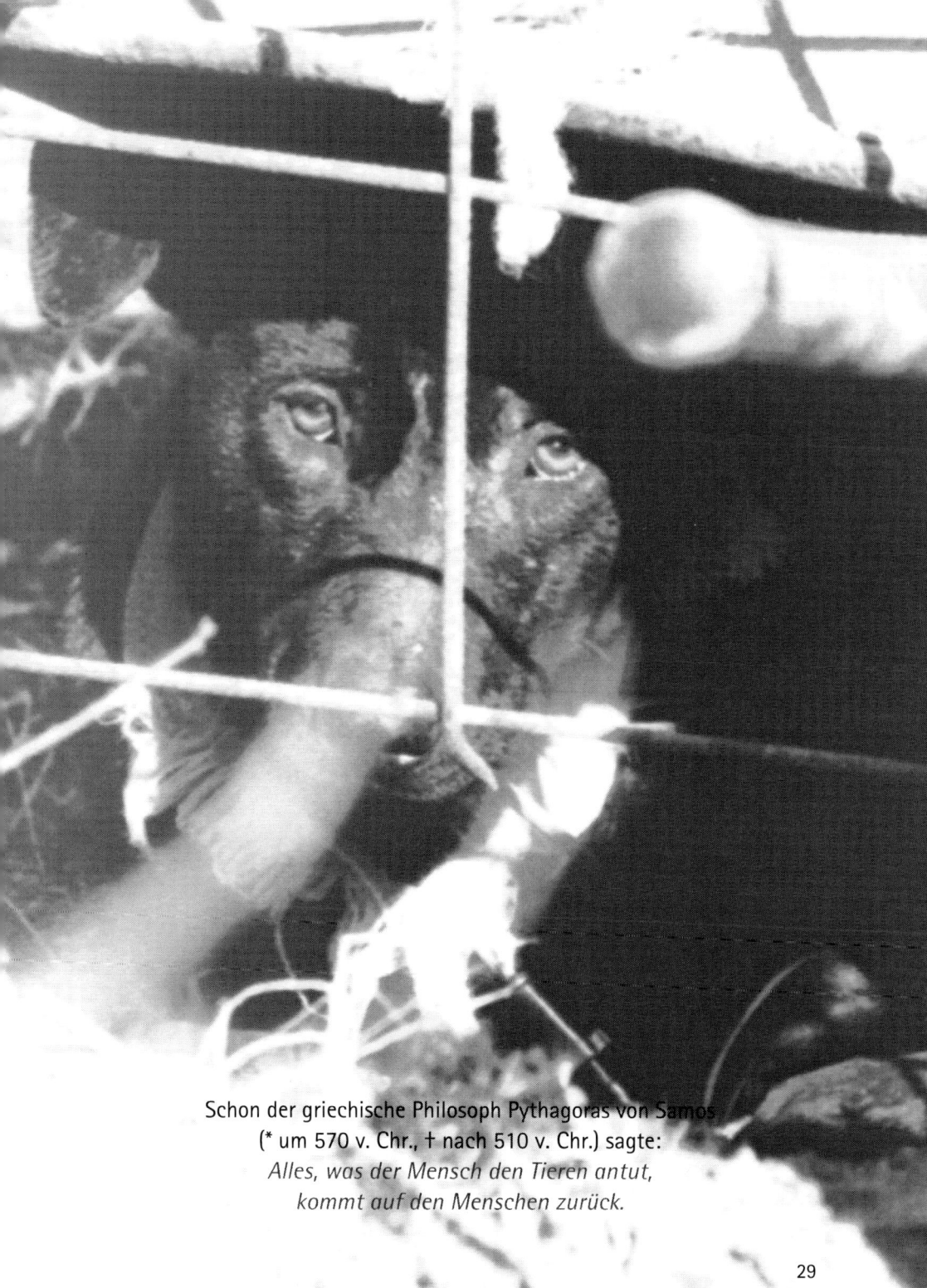

Schon der griechische Philosoph Pythagoras von Samos
(* um 570 v. Chr., † nach 510 v. Chr.) sagte:
Alles, was der Mensch den Tieren antut,
kommt auf den Menschen zurück.

■ Der alte Kettenhund

Ich bin allein; es ist schon Nacht und stille wird's im Haus.
Dort ist ein Feuer angefacht, dort ruht mein Herr sich aus.

Er liegt im warmen Federbett, deckt bis ans Ohr sich zu.
Und ich auf meinem harten Brett, bewache seine Ruh.

Die Nacht ist kalt, ich schlafe nicht, der Wind aus Ost weht kalt;
die Kälte ins Gebein mir kriecht, ich bin ja auch schon alt.

Die Hütte, die mein Herr versprach, erlebe ich nicht mehr.
Der Regen tropft durchs morsche Dach,
Stroh gab's schon lang nicht mehr.

Die Nacht ist kalt, der Hunger quält, mein Winseln niemand hört.
Und wüßt mein Herr auch, was mir fehlt, er wird nicht gern gestört.

Die Nacht ist lang, zum zehnten Mal leck ich die Schüssel aus;
den Knochen, den ich jüngst versteckt, den grub ich längst schon aus.

Die Kette, die schon oft geflickt, sie reibt den Hals mir bloß.
Sie reicht nur noch ein kurzes Stück, und nie werd ich sie los.

Was Freiheit ist, das lern' ich nie, doch weiß ich, ich bin treu.
So lieg' ich, warte auf den Tod, denn dieser macht mich frei.

(unbekannter Dichter)

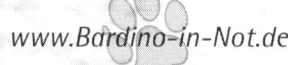

◼ „Seesterne" oder „Eine Frage der Perspektive"

Ein furchtbarer Sturm kam auf. Der Orkan tobte, das Meer wurde aufgewühlt und meterhohe Wellen brachen sich ohrenbetäubend laut am Strand. Nachdem sich das Unwetter langsam wieder beruhigte, klarte der Himmel wieder auf. Am Strand lagen unzählige Seesterne, die von der Strömung an den Strand geworfen worden waren.

Ein kleiner Junge lief am Strand entlang, nahm behutsam Seestern für Seestern in seine Hand und warf sie zurück ins Meer.

Ein Philosoph kam des Weges und beobachtete den kleinen Jungen eine Weile bei seinem Tun. Er ging zu dem Jungen und sagte zu ihm: „Was machst du da? Siehst du nicht, dass der ganze Strand voll von Seesternen ist? Es sind tausende von Seesternen! Du kannst sie nicht alle aufsammeln und ins Meer werfen. Das schaffst du nicht. Sie werden hier vertrocknen. Was du da tust, ändert nicht das Geringste!"

Der Junge schaute den Philosophen einen Moment lang an. Dann ging er zu dem nächsten Seestern, hob ihn behutsam vom Boden auf und warf ihn zurück ins rettende Meer. Zu dem Philosophen sagte der kleine Junge: „Ich weiß, doch für diesen einen wird es etwas ändern!"

(Autor unbekannt)

Und genau aus diesem Grund werde ich immer Tierschützer sein und alles, was in meiner Macht steht tun, um Tiere zu retten und sie zu beschützen. Ich werde nicht alle Tiere dieser Welt retten können, auch wenn ich es gern täte, aber ich werde immer versuchen, die Tiere zu retten, die meinen Weg kreuzen. Mit all meiner Kraft, Liebe und der Unterstützung von Menschen, die diese Lebenseinstellung und Überzeugung mit mir teilen.

Man sollte nicht wegschauen und denken, der nächste, der einen Menschen oder ein Tier in Not sieht, wird ihm schon helfen und retten. So ist es nicht im Leben! Denn was wäre, wenn jeder so denken würde: „Es wird sich schon ein anderer darum kümmern?"

Ein Hund für Sie ...

■ Welpe oder älterer Hund?

Natürlich sind Welpen putzig, sie machen aber auch enorm viel Arbeit. Zudem können in den ersten Lebensmonaten eines Hundes, vor allem wenn es der erste Hund ist, viele Fehler gemacht werden, die dann ein Hundeleben lang auszubaden oder mit einem guten Hundetrainer abzuarbeiten sind. Fehler, die während der Sozialisierungsphase und Welpenerziehung oder in der Fütterung gemacht werden, wiegen meist sehr schwer. Darüber hinaus sind Welpen sehr anhänglich, folgen ihren Ersatzeltern auf Schritt und Tritt und wollen nicht allein bleiben. Daher rate ich bei Hundeanfängern immer zu einem älteren Tier. Je kleiner die Kinder, desto weniger empfiehlt sich ein Welpe. Hygienische Argumente sind zu beachten: Ein älterer Hund ist meist aus der Phase heraus, wo er alles in sein Maul nimmt und alles und jeden abschleckt. Außerdem sind erwachsene Hunde meist schon stubenrein bzw. werden es schnell.

Ein Hund, der mit Kindern auskommen soll, muss kein Welpe sein. Ein Welpe verlangt seinen neuen Besitzern viel ab. Er ist nicht stubenrein und muss ständig an die frische Luft. Man muss ihn mit Engelsgeduld erziehen, ihm alle „Unarten" abgewöhnen und gerade wenn man denkt, er sei aus dem Gröbsten heraus, kommt Ihr Hund in die so genannte Pubertät.

Ältere Hunde sind kaum weniger gelehrig als Welpen, doch sollten Sie schon schauen, welche „Eigenarten" Ihr neues Familienmitglied hat. Ein älteres Tier ist meist eine fertige Persönlichkeit mit spezieller Prägung und mehr oder weniger großem Erfahrungsschatz. Man sieht die so genannten „Macken" schneller und kann z. B. mit Hilfe eines Hundetrainers, Verhaltenstherapeuten, aber auch allein mit eigenem Sachverstand gezielt dagegen arbeiten.

■ **Ganz wichtig:** Ein älterer Hund hat seine so genannte „Flegelphase" (etwa zwischen dem 6. und 15. Lebensmonat) hinter sich. Auch versteht er in der Regel schneller als ein Welpe, was man von ihm will. Bedenken Sie auch, ein Welpe kommt auf jeden Fall in die Phase, wo er die Welt erkunden und auch Dinge kaputtmachen wird. Der Bardino gilt zwar in der Regel, wenn er ausgelastet ist, nicht als der große Nager, jedoch können Sie nicht darauf bauen, dass sich Ihr Hund an diese Regel halten wird.

Schon sehr früh zeigt sich bei Welpen die Hundepersönlichkeit. Falls Ihre Wahl auf einen Welpen fällt, so machen Sie sich rechtzeitig Gedanken darüber, wie Sie sich Ihren zukünftigen Hund und das gemeinsame Leben mit ihm vorstellen. Wenn Sie mit Ihrem erwachsenen Hund beispielsweise Agility, Flyball oder andere schnelle Hundesportarten spielen wollen, wählen Sie den verspieltesten Welpen aus. Möchten Sie ein ruhiges oder doch lieber lebhaftes Familienmitglied, treffen Sie eine entsprechende Entscheidung bei der Auswahl des Welpen. Zu einem Kinderhaushalt passt immer ein Welpe, der offen auf Sie zugeht.

■ Rüde oder Hündin?

Rüden wie auch Hündinnen sind bei den Bardinobesitzern gleichermaßen beliebt. Warum sollte man sich dann Gedanken dazu machen? Ich finde, die Konsequenzen, aus denen kleine Unterschied resultieren, können große Auswirkungen haben und werden oft unterschiedlich eingeschätzt und auch oftmals unterschätzt.

Eine entscheidende Rolle bei der Auswahl des Geschlechts spielen natürlich die biologischen Fakten wie der Geschlechtstrieb und die Läufigkeit der Hündin. Ferner sollte man die anatomische Tatsache, dass Rüden in der Regel größer und schwerer als Hündinnen sind, nicht außer Acht lassen.

Im Prinzip gibt es kein Patentrezept für die Wahl des „richtigen" Geschlechts. Vielmehr muss jeder für sich selbst und seine Lebenssituation herausfinden, mit wem er lieber zusammenleben möchte.

Meiner Erfahrung nach sind Hündin und Rüde Streicheleinheiten gleichermaßen zugetan. Man kann nicht sagen, dass eine Hündin „schmusiger" ist als ein Rüde.

Wie bereits gesagt, Bardino-Rüden sind meist größer, kräftiger und schwerer als Hündinnen. Erwachsene, selbstbewusste Rüden sind oft imposante Erscheinungen. Auch haben Rüden in der Regel einen wesentlich breiteren Schädel, so dass spontan das Gefühl entstehen könnte, die leichtere Hündin ließe sich auch leichter erziehen. Dickköpfe habe ich aber unter beiden Geschlechtern erlebt. Auch die vorherrschende Meinung, dass Hündinnen im Großen und Ganzen leichtführiger sind, kann ich bei Bardinos nicht bestätigen. Der Unterschied ist bei dieser Rasse wirklich nur in Größe und Gewicht gegeben. Denn zumeist sind die Bardinas genauso selbstbewusst wie die Bardino-Rüden.

Arbeitseifer, Konzentration und Hütetrieb sind situationsbedingt und gleich bei beiden Geschlechtern.

Wenn Rüden mit Rivalen in Rangordnungs- und Revierkämpfen aneinander geraten, sind es meistens Schaukämpfe mit viel Radau, Gedrohe und Getue. Der dabei Unterlegene kennt die Drohgebärden und zeigt bei normaler Prägung mit Demutsgesten an, wann er genug hat und lieber den „Kampfplatz" verlässt.

Hündinnen können dagegen echte Beschädigungskämpfe austragen, wenn sie gereizt sind. Dies ist ein natürlicher Schutz, denn die Hündinnen müssen ja dafür sorgen, dass ihr Revier bei der Aufzucht der Welpen von Nahrungskonkurrenten frei bleibt. Meist bleiben einmal aufgetretene Feindschaften unter Hündinnen ein Leben lang bestehen.

Gleichgeschlechtliche Freundschaften gibt es zwischen Hündinnen und Rüden gleichermaßen. Oft ist es so, dass ein Rüde gegenüber einer Hündin sehr galant und geduldig ist und alles mit sich machen lässt - auch Verhaltensweisen, die ein Rüde einem anderen Rüden hingegen nur selten ohne weiteres durchgehen lassen würde (dies gilt insbesondere und hauptsächlich für nicht kastrierte Rüden).

Der größte Unterschied zwischen Rüden und Hündinnen besteht natürlich beim Geschlechtsleben. Erwachsene Rüden sind quasi allzeit bereit, wenn eine läufige Hündin vor ihnen steht. Daher sind sie auch meist nicht zu halten, wenn sie den Duft einer läufigen Hündin in die Nase bekommen. Dies ist besonders ausgeprägt, wenn sie schon einmal decken durften. Sie leiden förmlich, wenn sich das Objekt ihrer Begierde wehrt oder sie vom Besitzer von einem Deckakt abgehalten werden. Dies gilt übrigens auch für eine Hündin. Wenn eine Hündin in der Hitze steht, ist sie für jeden Rüden bereit, und wenn dann der Rüde nicht kann, weil er beispielsweise kastriert ist, so wird sie den armen Rüden bis zum Umfallen bedrängen.

Unkastrierte Hündinnen werden in der Regel im Abstand von sechs bis sieben Monaten zweimal im Jahr läufig. Die erste Läufigkeit tritt meistens zwischen dem siebten und zehnten Lebensmonat ein. Während der Läufigkeit blutet die Hündin. Meist lecken die Hündinnen sich ständig selbst sauber, manche tun dies aber nicht.

Während der Läufigkeit lässt eine Hündin öfters Urin und wird sich jedem Rüden „anbieten". Ihre ganz spezielle Duftmarke weist jedem Rüden den Weg.

Meist nutzen Hündinnen während der Läufigkeit jede Gelegenheit, um auszubüchsen und sich decken zu lassen. Eine läufige Hündin ist nicht wählerisch und „steht" daher bei jedem Rüden. Eine Hündin kann sogar von mehreren Rüden nacheinander gedeckt werden, was dann später eine schöne bunte Nachwuchsmischung zum Ergebnis hat. Das ist auch der Grund dafür, dass es auf den Kanaren bei einer Hundemama oft so verschieden aussehende Welpen gibt. Ich habe einmal bei einer reinrassigen Bardina drei reinrassige Bardinowelpen und zwei Samoyeden-Bardino-Mischlinge gesehen. Hier war es ganz offensichtlich, mit wem sich die Bardina „eingelassen" hatte.

Rüden sind in der Lage, Harn zurückzuhalten, um überall das Bein zu heben und ihr Revier zu markieren. Durch diese „anhaltende" Beschäftigung dauert ein Gassigang meist länger, denn es gibt ja so viel zu tun für einen Rüden.

Demselben Zweck wie das Markieren dient auch das Scharren mit den Hinterläufen nach dem Kotabsetzen, bei dem die Analdrüse ebenfalls Duftstoffe absetzt. Das Scharren nach hinten lässt sich bei beiden Geschlechtern beobachten. Hündinnen markieren übrigens auch.

Eine Hündin, die nicht gedeckt wurde, wird nach vier bis acht Wochen scheinträchtig. Die Scheinschwangerschaft kann sich äußerlich zeigen, oder subklinisch verlaufen (d.h. man sieht äußerlich nichts). Am häufigsten ist das Anschwellen der Milchleisten und die abpressbare Milch zu beobachten. Das Verhalten der Hündin kann sich ebenfalls ändern. Einige Hündinnen werden unruhig und nervös, andere werden ruhiger. Manche haben mehr Appetit, manche weniger. Wieder andere bauen ein „Nest" und bemuttern irgendwelche Gegenstände (Stofftiere, Schuhe etc.). Wichtig ist, die Hündin in dieser Phase viel abzulenken, alle vermeintlichen „Welpen" zu entfernen und nicht auf das Verhalten einzugehen. Bei starken Gesäugeschwellungen können Medikamente verabreicht werden.

Es ist ein absolutes Ammenmärchen, dass man eine Hündin einmal im Leben decken lassen sollte. Tatsache ist, dass eine Hündin, die nie Mutter wurde, genauso gesund und lange lebt wie eine Hündin, die bereits einmal Welpen hatte.

Kastration: Für und Wider

Ich kann und werde niemandem in Deutschland dazu raten, Bardinos zu züchten. Dies kann ich aus ethischen Gründen als Tierschützer nicht befürworten. In meiner jahrelangen Tätigkeit im Auslandstierschutz habe ich viel Leid sehen müssen, und wenn man bedenkt, dass täglich Bardinos auf den Kanaren getötet werden, reinrassige und Mischlinge, so ist es nur verständlich, dass man lieber ein armes Tier aus dem Ausland retten sollte, als hier in Deutschland mit einer Zucht zu beginnen. Außerdem sind die kanarischen Züchter nicht darauf erpicht, ihre Hunde ins Ausland zu verkaufen. Dies gilt auch für das spanische Festland.

Das Thema Kastration wird von Hundefreunden oft leidenschaftlich diskutiert. Es gibt so viele Meinungen und vor allem Vorurteile zur Kastration.

In der Regel ist eine Hündin zweimal im Jahr für ca. 3 Wochen läufig. Im Gegensatz zu uns Menschen sind die Hündinnen gerade in dieser Zeit empfängnisbereit, und zwar vor allem im letzten Drittel der Periode, wenn die Blutung bereits wieder abgeklungen ist. Dann befindet sich die Hündin auch in der richtigen Paarungsstimmung.

Wenn Sie nicht sicher sind, Ihre Hündin immer so unter Kontrolle zu haben, dass es nicht zu einer ungewollten Paarung kommt, sollten Sie Ihre Hündin kastrieren lassen – nicht zuletzt in Hinblick auf die hoffnungslos überfüllten Tierheime in süd- oder osteuropäischen Ländern, aber auch in Deutschland.

■ **Bedenken Sie auch:** Eine Hündin kommt nicht in die Wechseljahre. Hündinnen sind bis zur letzten Läufigkeit im hohen Alter noch fruchtbar. Dessen ungeachtet kann durch Hormonprobleme im fortgeschrittenen Alter die Läufigkeit unregelmäßig auftreten und verlängert verlaufen. Die Gefahr einer Gebärmutterentzündung ist dadurch größer.

Zur Empfängnisverhütung gibt es - neben dem operativen Eingriff in Form einer Kastration - auch noch die Möglichkeit einer hormonellen Läufigkeitsunterdrückung. Diese ist aber auf Dauer nicht uneingeschränkt zu empfehlen, da sie eine Reihe an Nebenwirkungen aufweisen kann. Die Gefahr, dass eine Gebärmutterentzündung entsteht, ist erhöht, was letztendlich doch eine Kastration erforderlich macht. Außerdem steigt das Risiko für die Entstehung von Gesäuge-tumoren an. Bei einer Langzeittherapie kann es auch zu einem Diabetes mellitus (Zuckerkrankheit) kommen, welche, wenn die Diagnose nicht frühzeitig gestellt wird, eine dauerhafte Insulinsubstitution zur Folge hat.

Man kann eine Hündin oder einen Rüden auch sterilisieren. Hier werden bei dem Weibchen die Eileiter und bei dem Rüde die Samenleiter durchtrennt. Die Tiere können sich dann zwar nicht mehr fortpflanzen, bleiben jedoch sexuell aktiv. Das heißt, eine läufige Hündin wird nach wie vor versuchen, einen geeigneten Deckrüden zu finden, und ein Rüde wird weiterhin den Geruch einer Hündin aufnehmen, streunen bzw. verstärkt markieren. Dies wird aber normalerweise nicht durchgeführt. Eine Kastration ist der übliche Weg. Dabei werden bei einer Hündin die Eierstöcke und in der Regel gleich auch die Gebärmutter und dem Rüden die Hoden entfernt. Damit ist häufig auch der sexuelle Trieb erloschen.

Es wird oftmals heftig diskutiert, ob man eine Hündin vor oder nach der ersten Hitze kastrieren sollte. Mir ist positiv aufgefallen, dass bei früh kastrierten Hunden kein trägeres oder weniger lebhafteres Verhalten auftritt als bei spät kastrierten Hündinnen. Dies spricht für eine frühzeitige Kastration. Der ange-nehme Nebeneffekt bei einem kastrierten Rüden ist, dass er nicht mehr unbe-dingt zum Streunen neigt und auch sanfter und anhänglicher uns gegenüber wird.

Die häufigste positive Verhaltensänderung bei einem kastrierten Hund, ganz gleich, ob Rüde oder Hündin, wurde im Spielverhalten registriert. 90 % der Hunde wurde von den Besitzern als spielbereiter und verspielter empfunden. Die Hunde, die nicht mehr permanent ihre „Hypersexualität" ausleben müssen, werden wieder kindlicher bzw. „welpiger". Der Kastrat sucht sich sozusagen ein neues Beschäftigungsfeld, was dann meist das Spielen ist.

Dass kastrierte Hunde zu verstärkter Leibesfülle neigen, kann ich nun wirklich nicht bestätigen. Zwischen Kastration und Fettleibigkeit beim Hund besteht aus physiologischer Sicht kein Zusammenhang. Ein Tier, das keinen sexuellen Trieb mehr hat, kann weniger aktiv sein, aber Bewegung ist immer wichtig und meistens verändert sich daher auch nicht das Gewicht. Natürlich fehlt einem

Tier, das keinen sexuellen Trieb mehr hat, ein wesentlicher „Aktionsbereich". In diesem Fall wird das Tier seinen Bewegungsdrang aber umso intensiver in einem anderen Bereich ausleben (z. B. beim Spielen), so dass sich auch das Gewicht in der Regel nicht verändert. Vielmehr ist Fettleibigkeit meines Erachtens überwiegend auf Fehlernährung und weniger auf den Eingriff der Kastration zurückzuführen.

Durch eine frühzeitige Kastration wird auch die Gefahr von Milchleistentumoren deutlich erniedrigt.

Auch auf Grund von Scheinschwangerschaften, unerwünschter Belegung und Gebärmutterentzündungen raten immer mehr Tierärzte zur Kastration einer Hündin.

Die Kastration bringt kaum körperliche oder seelische Probleme für die Hündin mit sich. Keine Hündin muss einmal im Leben Welpen bekommen haben, um gesund zu bleiben.

Diese Aussage hält sich zwar hartnäckig, trifft aber keineswegs zu!

■ **Ganz gleich, wie Sie sich entscheiden, in jedem Fall gilt:**
Wer Hundenachwuchs zulässt, trägt viel Verantwortung!

Gott schuf die Menschen und das Tier.
Er hat uns die Tiere anvertraut, nicht ausgeliefert.
(Autor unbekannt)

Verhalten und Charakter ...

■ Bardino auténtico –
Die rassetypischen Merkmale

Der Urtyp des Bardinos, der „Bardino auténtico" oder auch „Bardino Majorero", war – und ist noch immer – ein stolzes Tier. Man nennt den Bardino auf den Kanaren auch Perro de Majorero, um die Herkunft des Hundes deutlich zu machen und ihm mit dem Wort „Majoreo" (Ureinwohner) zu huldigen.

Ihren Ursprung hat diese faszinierende Hütehunderasse auf Fuerteventura, der zweitgrößten Insel der Kanaren. Dort sind diese Hunde auch heute noch überwiegend anzutreffen.

Der Bardino auténtico wird auch als „Bardino des Urtyps" bezeichnet, weil er sich seit Jahrhunderten nicht wesentlich verändert hat; weder in seinem Aussehen noch in seinem Aufgabenbereich. Der Bardino besitzt das komplette Spektrum eines hundetypischen Verhaltens. Der Mensch hat daran nicht viel „herumselektiert", vielmehr die angeborenen natürlichen Fähigkeiten des Hundes genutzt.

Die Hündinnen nennt man „Bardina", den Rüden „Bardino". Beide werden jedoch als BARDINO bezeichnet, wenn die Hundrasse gemeint ist.

Die Widerristhöhe (Schulterhöhe) des Bardino auténtico liegt laut Standard zwischen 55 und 63 cm bei einem Gewicht zwischen 25 und 45 kg. Dabei sollte das weibliche Tier eine Widerristhöhe zwischen 55 und 61 cm und ein Gewicht von 25 bis 35 kg haben, das männliche Tier eine Widerristhöhe zwischen 57 cm und 63 cm und ein Gewicht von zwischen 30 und 45 kg. Der Bardino und die Bardina haben bei der Schulterhöhe einen Toleranzspielraum von 2 cm.

Die angegebenen Werte hängen wesentlich von den jeweiligen Lebensbedingungen des Bardinos ab. Ein aktiver Hütehund wird in der Regel leichter gebaut sein als ein weniger aktiver Wachhund. Meist findet man in einem Wurf beides, den kleineren und leichteren Hütehund sowie den größeren und kräftiger gebauten Wachhund.

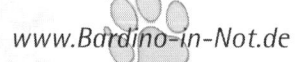

Der Rüde hat, verglichen mit der Hündin, einen wesentlich breiteren Kopf und größeren Körper. Die Maske des Bardinos ist dunkel (schwarz), manchmal leicht gestromt. Die Augenfarbe der Bardinos ist haselnuss- oder mandelfarben mit gelblicher Tönung bis hin zu dunkelbraun. Seine Nase ist dunkel pigmentiert; bei den Ohren handelt es sich um Kippohren, hängend mit doppelter Falte. Der Bardino hat ein so genanntes Scherengebiss. Die Lefzen sind fleischig und leicht überhängend. Die Nase ist gerade und der Fang mittellang.

Der Hals ist ausgeprägt, wobei er in Relation zum Körper eher kurz wirkt. Die Halslänge einer Bardina sollte ca. 22 cm betragen und die eines Bardino-Rüden ca. 25 cm.

Der Bardino auténtico ist im Körperbau fast quadratisch und eher kompakt. Er hat einen breiten Hals und kann - mit dem eher kleinen Kopf – hin und wieder etwas unproportioniert erscheinen. Dieser Körperbau gibt ihm aber die Kraft zum Festhalten, die er zum Ziegenhüten braucht.

Für einen Nichtkenner der Rasse wirkt der Bardino eher unscheinbar. Sein Aussehen vermittelt nicht die hervorragenden Eigenschaften, die diese Hunderasse mit sich bringt.

Beim Hüten ist der Bardino äußerst schnell und wendig. Blitzschnell zeigt er den zu hütenden Schafen und Ziegen die Richtung, in die sie zu laufen haben, und ebenso schnell holt er Ausreißer zurück zur Herde.

Der Bardino hat eine schnelle Auffassungsgabe und reagiert umgehend auf die gerufenen Befehle oder Pfiffe der Hirten.

Er bleibt auch gehorsam bei der Herde und bewacht diese, wenn sein Herr die Herde verlässt. Gelegentlich leben die Bardinos auf den Kanaren auch mit ihrer Herde zusammen. Manchmal leben sie direkt bei den Ziegen in deren Unterbringungen, manchmal liegen sie, wenn sich die Herde im Stall oder hinter einer Abgrenzung befindet, davor an der Kette. Die Begrenzungen der Herde werden oftmals aus nebeneinander aufgestellten Europaletten errichtet.

Der Bardino liebt es, alles richtig zu machen und ein Lob von seinem Herren für die geleistete Arbeit zu erhalten. Er kann aber auch lange Zeit ruhig neben seinem Herren liegen und geduldig auf seinen Einsatz warten. Er ist aber dabei stets aufmerksam und wachsam.

Der Brustkorb ist flach und die Vorderbrust breit. Manchmal haben Bardinos einen weißen Brustfleck. Der Rücken ist gerade, eher lang als breit und hat eine ausgeprägte Muskulatur.

Der Bardino hat so genannte Katzenpfoten. Katzenpfoten sind geschlossene, rundliche Pfoten mit katzenartigen gewölbten Zehen. Die Krallen liegen dicht nebeneinander und sind schwarz. Vereinzelt dürfen weiße Krallen vorkommen.

Die Rute ist mittellang und eher grob, dick und abgerundet. Die Rutenhaltung wird bei einem aufmerksamen Bardino meist freudig aufrecht getragen. Ein freundlicher Bardino legt die Rute leicht seitlich beim Wedeln (die Rute wird bis zur Seite bewegt!). Dies ist typisch für die Rasse.

Beim Bardino auténtico findet man doppelte Wolfskrallen und doppelte Ballen an den Hinterbeinen (unterhalb der Sprunggelenke). Die Wolfskrallen, auch Afterkrallen genannt, sind schon immer ein Zeichen der Bardinos gewesen und daher von den Züchtern als Rassemerkmal erwünscht. Ich habe einige Male gesehen, dass die doppelten Wolfskrallen („dos cunjas" genannt) an den doppelten Ballen wie Kreolen ineinander verwachsen waren. Bei einem gemäßigten Lauftempo des Hundes berühren sich die doppelten Wolfskrallen leicht. Daher sollte man die doppelten Wolfskrallen von Zeit zu Zeit etwas schneiden lassen, damit sich diese beim Laufen nicht verhaken oder der Hund damit beim Waldspaziergang irgendwo hängen bleibt.

■ **Merke:** Versuchen Sie sich bei einem Bardino lieber nicht am Krallen schneiden. Diese doppelten Wolfskrallen sind stark durchblutet. Wenn Sie zu viel abschneiden, verletzen Sie möglicherweise die empfindliche Krallenwurzel, der Hund wird dann stark bluten. Wie weit der Nerv reicht, ist bei gut pigmentierten Wolfskrallen nicht zu erkennen. Bei den meist langen Wolfskrallen der Bardinos wächst der Nerv oft bis zur Spitze. Hier sollte wirklich nur ein Tierarzt die Krallen schneiden! Allenfalls könnte man selbst die Krallen leicht feilen. Vollständig

ausgebildete Wolfskrallen dürfen, wenn zwingend medizinisch notwendig, nur von einem Tierarzt durch eine operative Amputation unter Anästhesie (Narkose) vorgenommen werden.

Das Fell der Bardinos ist eng anliegend, leicht glänzend, glatt und weich. Es ist nicht ganz kurz, wie beispielsweise bei einer Dogge oder einem Boxer, aber auch nicht mittellang, wie zum Beispiel bei einem Border Collie oder einem Australian Shepherd. Die Länge seines Fells liegt schlichtweg dazwischen. Ich empfinde das Fell als noch kurzhaarig. Wie alle anderen Eigenschaften des Bardinos, ist es eben genau richtig. Nicht zu lang, nicht zu kurz.

Der Bardino auténtico ist dunkelschwarz und hat leicht beigefarbene, manchmal ins Graue übergehende Stromungen. Teilweise kann eine Stromung stärker ausgebildet sein, so dass der Hund im Gesamtbild heller erscheint. Auch leicht honigfarbene Tönungen kommen gelegentlich vor. Das Haar ist in der Stromung etwas länger.
Ich muss es an dieser Stelle noch einmal unterstreichen: Die Stromung eines Bardino auténtico ist einzigartig!

Auf Fuerteventura wird die Stromung des Bardinos auch „abardinado" genannt. Man sagt, der Bardino sei wie eine Echse oder ein Gecko gestromt. Schaut man sich eine atlantische Echse an, weiß man wieso.

Der Bardino ist ein vorzüglicher Hütehund, der dem Vieh keinen Schaden zufügt und deshalb auf allen Inseln der Kanaren sehr geschätzt wird. Besonders verbreitet ist er auf Fuerteventura und Lanzarote.

Die kanarischen Ziegen- und Schafshirten sind stolz auf ihre Bardinos, weil:
- sie mit diesen Hunden umgehen können
- diese Hunde gehorchen und ihnen ergeben sind
- sie von diesen Hunden akzeptiert werden

Der Bardino zwickt anderen Hunden beim freundschaftlichen Spiel gern einmal in die Beine und kann auf diese Weise sogar einen Hund im vollen Lauf zu Fall bringen. Und das tun nicht nur diejenigen Bardinos, die bereits eine Ziegenherde gehütet haben, sondern auch viele, die noch nie eine Ziege gesehen haben! Es ist wohl der Hüteinstinkt, der dann beim Spiel mit anderen Hunden zum Vorschein kommt. Wie gesagt: Nicht alle Bardinos verhalten sich so.

Der Bardino auténtico ist ein intelligenter Hund, äußerst instinktsicher und wesensfest. Sein breiter Brustkorb verleiht dem Bardino große Kapazität und Ausdauer beim Laufen, auch bei Hitze, sogar dann, wenn es kein Wasser gibt. Der Bardino gilt auf den Kanaren als ein zäher Hund.

Der Bardino, wird auch häufig als „Verdino" bezeichnet. Das Fell des Bardinos schimmert bei einem bestimmten Sonnenlichteinfall grünlich. „Verde" ist das spanische Wort für die Farbe grün. Der grünliche Schimmer erinnert an das Grün einer Olive.

Sehr angenehm für die menschliche Nase: Der Bardino hat einen ganz eigenen und für uns Menschen kaum wahrzunehmenden Eigengeruch. Viele Bardino-besitzer empfinden den Geruch des Bardinos als sehr angenehm oder sagen, er rieche überhaupt nicht nach Hund.

Ein Bardino ist, in guter Verfassung, ein stolzes, kraftstrotzendes und gut bemuskeltes Tier. Er besitzt sämtliche Eigenschaften eines Hundes, der dem Menschen über mehrere Jahrhunderte hinweg in der Landwirtschaft geholfen hat. Bei guten Bekannten ist er freundlich und anhänglich, aber er verteidigt, wenn nötig, sich selbst, seine Familie, sein Rudel und sein Revier.

Der Bardino ist ein tapferer Hund. Hat er einem Menschen oder einem Tier gegenüber keine andere Möglichkeit, als sich zu verteidigen oder gegebenenfalls anzugreifen, wird er es auch tun. Man sollte diese Hunde nicht unterschätzen. Sie sind keine so genannten Schutzhunde, werden aber ihre Menschen, ihr Rudel und das zu bewachende Grundstück oder die Herde bewachen und beschützen. Er ist ein treuer Hund, sehr gebietsbezogen und ein unglaublich konsequenter und verteidigender Hund. Ein Bardino auténtico würde, ohne mit der Wimper zu zucken, für das sterben, was er liebt und beschützt.

Vor einem Angriff macht der Bardino eine seitliche Kopfbewegung, sein Angriff ist pfeilschnell ohne Zögern. Er ist stark, aber nicht aggressiv und er greift nie grundlos an. Das Ziel seines Angriffs sind stets die Beine. Dies hat ihn auch immer davor bewahrt, für Hundekämpfe eingesetzt zu werden. Der Bardino handelt im passenden Moment mit Kühnheit, ohne wild zu werden. Er verlässt sich auf seinen Instinkt und vor allem auf seine Körper- und Beißkraft, die durch sein starkes Gebiss und seine Halsmuskulatur begünstigt wird.

Der Blick eines Bardinos ist glänzend, fest, aufmerksam und fröhlich gegenüber einem Menschen, der zu seinem Umfeld gehört (Besitzer, Familie oder Bekannte). Aber er ist auch ein misstrauischer und zurückhaltender Hund. Es wird Ihnen mit einem Bardino kaum passieren, dass Ihr Hund Fremde mit überschwänglicher Begeisterung empfängt. Besuch wird akzeptiert, wenn Herrchen oder Frauchen den Besuch hereinlassen. Menschen, die Sie nicht hereinbitten und sich auf Ihrem Grundstück befinden, wird er stellen, verbellen und nicht eine Sekunde aus den Augen verlieren. Der Bardino hat ein äußerst tiefes Bellen und Knurren. Er bellt heiser, tief und kontinuierlich, um seine Präsenz zu demonstrieren. Der Bardino bleibt äußerst wachsam, bis der Fremde sich entfernt oder Sie Ihren Hund zu sich rufen. Aber auch dann wird er neben Ihnen stehen und den Fremden wachsam beäugen.

Entfernungen zwischen sich und einem Fremden schätzt der Bardino auténtico sehr genau ein, egal ob frei oder angebunden, und er ist schnell, wenn es sein muss.

Im Umgang mit seinen Artgenossen ist der Bardino im Allgemeinen verträglich. Auch gegenüber anderen Haustieren (z. B. Katzen) ist er – wenn sie aneinander gewöhnt sind – in der Regel aufgeschlossen und freundlich eingestellt.

Der Bardino auténtico ist anpassungsfähig, eher ruhig und ausgeglichen. Auch als Junghund ist er im Regelfall kein Temperamentsbündel, das ständig beschäftigt werden muss.

Oft werde ich gefragt, was die Optik des Bardinos so einzigartig macht. Hier kann ich nur sagen „DIE EINZIGARTIGE STROMUNG!" Kein Hund ist so gestromt wie ein Bardino! Die typische Bardino-Stromung sieht aus, als habe man versucht, auf einem tiefschwarzen Hund mit einem Pinsel ganz zarte beigefarbene, manchmal leicht ins Graue übergehende Streifen aufzumalen. Es gibt KEINEN Bardino auténtico ohne Stromung!

Der Gang des Bardino auténtico ist lebhaft, fließend und stark, aber mit gedämpftem Auftreten, möglicherweise über Generationen hinweg angeeignet, um sich vor unebenen, unregelmäßigen Bodenverhältnisse, z. B. Lavaboden, zu schützen. Der Bardino passt seinen Schritt und das Auftreten der Pfoten stets dem Boden an und erhält so den Fluss und die „Eleganz" seines Ganges.

Manche Ziegenhirten auf Lanzarote zogen schon Anfang des letzten Jahrhunderts ihren Bardinos zum Schutz der Pfoten Lederschuhe an. Diese Hundeschuhe wurden aus weichem Ziegenleder hergestellt, an der Sohle verstärkt und hatten einen Schnür- oder Knopfverschluss. Denn ohne diese Hundeschuhe hätten sich viele Hunde auf der mit Lavastein bedeckten Insel (besonders rund um den Montaña Timanfaya) sicherlich schnell die Pfoten an den teilweise doch sehr scharfkantigen und von der Sonne stark erhitzen Lavasteinen aufgerissen. (Montaña Timanfaya nennt man die Feuerberge auf Lanzarote, die heute zu einem Nationalpark mit noch aktiven Vulkanen gehören. Der letzte große Ausbruch auf Lanzarote war am 1. September 1730, danach folgten 1824 noch einige kleinere Ausbrüche.)

Der mühelose, kraftvolle und federnde Trab des Bardinos wirkt bei Hündinnen manchmal so, als wolle sie absichtlich mit ihrem Hinterteil „wackeln". Dies ist wahrscheinlich auch darauf zurückzuführen, dass die Hündinnen im Vergleich zu Rüden zierlicher gebaut sind.

Den Trab eines Bardinos lässt sich fast mit der Gangart eines Araberhengstes vergleichen. Es ist ein leicht federnder und stolzer Gang, oft mit aufrechter Rutenhaltung. Auch die Sprungkraft des Bardinos ist erstaunlich.

Beim Laufen und Rennen während seiner Arbeit als Hütehund ist der Bardino angespannt und sehr aufmerksam. Ganz besonders nachts ist er sehr wachsam. Sein Blick ist immer bestrebt, alles um sich herum zu bewachen.

Ganz speziell - geradezu originell - ist auch die Art und Weise, wie ein Bardino sich hinsetzt - über eine Seite. Dies findet man bei keiner anderen kanarischen Rasse. Erklären lässt es sich nicht wirklich, man muss es gesehen haben!

Der Urtyp Bardino hat eine kürzere Rute. Es wird gesagt, dass die Spanier den Hunden die Ruten im Welpenalter „abbeißen", damit ihr gutes Wesen ausgeprägter wird. Dies ist natürlich ein Ammenmärchen! Obwohl ich es mir gut vorstellen kann, dass man (auch) früher schon mal auf „seltsame Ideen" gekommen ist.

Im Süden sind Hunde mit kürzeren Ruten und sogar kupierten Ruten und Ohren leider sehr geschätzt. Bei dem Bardino auténtico ist die kürzere Rute ein typisches Rassezeichen, es ist heute ein Rassemerkmal. Ehrlich gesagt, kann ich es mir lebhaft vorstellen, dass manch ein Züchter sich dafür entscheidet ein Stück der Rute zu amputieren, damit der Hund in den Augen der Zuchtrichter und der anderen Züchter bestehen kann, zumal auf Fuerteventura bereits in den ersten Tagen nach der Geburt oft die letzten Wirbel der Rute amputiert bzw. gekürzt werden dürfen.

Ich habe schon reinrassige Bardinos als Welpen direkt nach der Geburt gesehen, die eine verkürzte Rute hatten, ohne kupiert worden zu sein. Im gleichen Wurf waren Bardinos mit einer etwas längeren Rute. Die Bardinos mit längerer Rute haben meist im Alter an der Schwanzwurzel weiße Haare.

In Deutschland ist das Kupieren von Ruten und Ohren aus rein ästhetischen Gründen verboten (Ausnahmen sind hier z. B. Jagdhunde, die jagdlich geführt werden, oder Hunde, deren verletzte Rute gekürzt werden muss). Das empfinde ich als absolut richtig. Für mich ist das operative Entfernen von Ruten und Teilen des Ohres eine Verstümmelung und nichts anderes! Außerdem verliert ein Hund ein großes Stück seiner Ausdruckskraft, wenn ihm die Rute oder die Ohren kupiert werden.

Der Bardino eignet sich auch für den Hundesport (z. B. Agility). Dies kann ihm jedoch schnell eintönig und langweilig werden, wenn er keine Abwechslung hat.

Sollte Ihr Bardino im Sommer einen rötlich bis braunen Stich im Fell haben, so liegt das an der Sonne. Besonders die Hunde, die wirklich noch kanarische Sonnenanbeter sind, haben im Sommer oft eine bräunliche Decke. Mit dem Beginn des Fellwechsels im Herbst verschwindet diese aber wieder.

Wie Sie feststellen werden, wird bei Ihrem Bardino, so wie bei uns Menschen, die Spannkraft der Haut im Alter nachlassen. Plötzlich erscheint die Haut am Hals ausgeprägter und die Ohren etwas länger. Besonders die Hautfalte am Hals wirkt deutlich ausgeprägter. Das ist ganz normal.

Die Lebenserwartung der Bardinos ist hoch. Im Durchschnitt können die Hunde 12 bis 15 Jahre alt werden und sogar noch älter, wie ich aus eigener Erfahrung weiß (auf die besondere Geschichte meines „Bardinos" werde ich an anderer Stelle noch ausführlicher eingehen).

■ Verhalten der Bardinos

Hunde halfen den Menschen zuerst bei der Jagd und dann auch beim Viehhüten. Wo immer es Ziegen und Schafe gab, wurden geeignete Hunderassen gezüchtet, die beim Treiben halfen oder die Schafsherden gegen Räuber schützten. Viele Schäfer- und Hütehundrassen sind derb und starkknochig. Dies trifft auch auf den Bardino zu. Man unterscheidet bei den Hütehundrassen zwischen den großen Hütehundrassen, die auch als Wachhunde eingesetzt werden, und den kleineren Typen, die Herden zusammenhalten und vorwärts treiben.

Der Bardino ist als Hütehund nicht zu vergleichen mit einem Arbeitshund oder Gebrauchshund wie dem Border Collie, der wirklich ein äußerst passionierter Hütehund ist, oder dem Australischen Schäferhund. Diese beiden Rassen versuchen „automatisch", Nutztierherden einzukreisen und zusammenzutreiben. Dieser Hütetrieb ist nichts anderes als der durch den Mensch modifizierte Jagdtrieb der Hunde.

Der Bardino ist kein Jagdhund und gilt auf den Kanaren auch als ungeeignet zur Jagd. Einige Jäger nehmen jedoch neben den Podencos (Wind- und Jagdhunde) Bardinos mit zur Jagd, denn der Bardino ist ein mutiger und ausdauernder Hund, der sich durch seine scharfen Krallen beim Graben nach Kaninchen bewährt hat. Man setzt ihn quasi für die „Schwerstarbeit" ein. Dabei handelt es sich ausschließlich um Bardinos, die von klein auf dafür trainiert wurden. Das Jagen liegt definitiv nicht im Naturell der Bardinos. Wenn die Bardinos mit dem Jäger bei der Jagd sind, lassen sie sich wie beim Hüten mit einem gezielten Pfiff sofort abrufen, ohne weiter mit den Podencos zu jagen.

Der Bardino fixiert ein zu hütendes Tier nicht mit gesenktem Kopf. Auch wenn der Bardino im Arbeitseinsatz bei einem Ziegenbauer ist, wird er nicht diese typische Duckhaltung der Border Collies einnehmen.

Der Bardino ist ein stolzes Tier. Er ist in der Gegenwart seiner Menschen immer aufmerksam und wachsam. Er hilft seinem Menschen beim Hüten, jedoch nicht wie ein Border Collie, der nichts lieber mag, als zu hüten und hart zu arbeiten. Der Bardino dagegen findet das Dösen im Schatten oder auf dem Sofa viel schöner. Sobald wir jedoch einen Einsatz von ihm fordern, wird dieser auch erbracht. Aber lassen Sie sich nicht täuschen: Auch wenn der Bardino schon einmal träge und faul wirkt, ist er alles anderes als das. Er ist schnell, wenn es sein muss, und hütet mit viel Geschick.

Bardinos sind nicht wasserverliebt wie beispielsweise Retriever-Rassen. Meist kann man sie nur maximal bis Bauchhöhe ins Wasser bewegen. Jedoch sieht es mit Sicherheit anders aus, wenn die Familie mit ihm badet und sozusagen „davonschwimmt". Hier kommt wieder der Hütetrieb zum Vorschein.

Wenn ein Bardino hütet, versucht er immer, das zu hütende Tier am Bein zu fassen und notfalls umzuwerfen. Genauso verhält er sich auch, wenn er bewacht. Ein Einbrecher hätte wahrscheinlich schneller einen Bardino am Bein, als er den Hund entdecken kann. Der Bardino hält fest, und mit jedem Versuch, das Bein wegzuziehen, fasst er fester zu. Die Stärke und Beißkraft sollte man nicht unterschätzen, denn der Bardino hat einen starken Kiefer, wie alle Hunde dieser Größe.

Im Umgang mit einer Ziegen- und Schafsherde verhalten sich Bardinos sanfter als so genannte Treibhunde, denn Schafe und Ziegen sind empfindlicher als beispielsweise Rinder.

Die Bardino bewacht seine Menschen, er ist sehr anhänglich, dankbar und mit Freude in unserer Nähe. Seine Wachsamkeit wird sich in der Regel nicht als Aggression gegen uns richten.

■ **Wichtig:** Unterschätzen Sie die Bardinos nicht! Wenn ein Bardino charakterlich so stark ist, wie es der in diesem Buch beschriebene Bardino des Urtyps (der „Bardino auténtico") nun einmal ist, wird ein Hundeanfänger so lange keine Freude an seinem Bardino haben, bis er ihn konsequent und freundlich ausgebildet hat. Ein charakterstarker Bardino wird die Führungsschwäche eines Menschen womöglich ausnutzen.

> *Es ist schön, das ehrliche Bellen des Wachhundes zu hören,*
> *das uns aus tiefster Kehle willkommen heißt,*
> *wenn wir nach Hause kommen.*
>
> (Lord George Gordon Noel Byron, 1788-1824)

■ Der Hütetrieb und seine Bedeutung

Blickt man auf die lange Menschheitsgeschichte zurück, so ragt neben dem Beginn des Ackerbaus sicherlich auch die Viehhaltung als Meilenstein bei der Nutzbarmachung der Natur heraus. Über viele Jahrtausende hinweg war der Viehbesitz mit dem Vermögen des Menschen gleichzusetzen. In der Zeit, als räuberische Nomaden oder Raubtiere wie Bären und Wölfe die Herden bedrohten, war es unerlässlich, den Hirten einen wachsamen, mutigen und schnellen Begleiter zur Seite zu stellen. Die perfekte Besetzung für diese Rolle fand der Mensch in der Gestalt des Hundes. Denn ohne den Hund hätte er sein wertvolles Gut wohl kaum so wirksam erhalten können. So ist der Hütehund neben dem Jagdhund zum wichtigsten Tier in der Geschichte des Menschen geworden.

Der Hütehund lernt das Hüten meist schon als Welpe von einem anderen, erfahrenen und älteren Hund. Dieser ältere Hütehund zeigt dem Welpen, wie er später selbständig eine Herde zu führen und zusammenzuhalten hat. Bei den Ziegenherden werden in der Regel wie bei Schafherden zwei Hunde gehalten. Der erfahrenere Hund erfüllt die Aufgabe, ständig zwischen der Spitze und der Nachhut hin- und herzupendeln, von der Herde abkommende Tiere zurückzutreiben und besonders langsame Tiere zu größerem Tempo anzutreiben. Sein Verständnis ist meist soweit entwickelt, dass er trächtigen Schafen und Lämmern eine langsamere Gangart zugesteht. Der zweite Hund hält sich in der Regel immer in unmittelbarer Nähe des Schäfers auf, der ihn durch kurzes Zurufen, meist auch mit Handzeichen, zur Ausführung von verschiedenen Aufgaben auffordert. Sobald der Hund seine Aufgabe erfüllt hat, kehrt er unverzüglich zu seinem Menschen zurück.

Aus den alten Hütehundrassen sind aufgrund ihrer natürlichen Intelligenz und der jahrtausendealten engen Zusammenarbeit mit dem Menschen ausgezeichnete Wach-, Schutz- und Begleithunde geworden. Ein Beispiel dafür ist der Deutsche Schäferhund.

Oft sieht man auf den Kanaren in den Gehegen der Ziegenbauern zwar Bardinos oder Bardino-Mischlinge, aber keinen Menschen weit und breit. Welpen, die als Hütehunde eingesetzt werden sollen, leben ständig mit der Herde zusammen.

Grundsätzlich hat der Hund vier Instinkte:

- der soziale Rudelinstinkt
- der Sexualinstinkt
- der Grundinstinkt
- der Jagdinstinkt

Hüteverhalten entspringt dem Jagdverhalten. Das Einkreisen, Zusammenhalten, Vorwärtstreiben oder Abspalten einzelner Tiere aus der Herde sind eindeutige Elemente des Jagdverhaltens der Wölfe. Wenn Wölfe ein Herdentier erlegen wollen, müssen sie es zunächst aus einem Herdenverband herauslösen, um es gezielt angreifen zu können. Dabei gibt der Alphawolf (Leitwolf) die Signale für den Ablauf der Jagd.

Alle Wach- und Schutzhunde sind territorial orientiert, sonst würde es auch keinen Sinn machen, Hab und Gut zu verteidigen. Dieses gilt im Prinzip auch für den Hütehund.

Der Hütehund „schützt" die Herde, besser gesagt, er „behütet" die Herde, weil es seine Nahrungsgrundlage ist. Er begleitet und behütet seine Herde auf Schritt und Tritt und weiß, dass er für seine „Arbeit" vom Menschen mit Nahrung entlohnt wird. Es ist das uralte Spiel, welches auch schon die domestizierten Wölfe erlernten.

Der selbstbewusste Hütehund, der bereit ist, Initiative zu ergreifen und Verantwortung für seine Herde zu übernehmen, ist ein zuverlässiger Wächter. Dabei ist es durchaus in Ordnung, wenn der Hirte im Hintergrund die Fäden zieht. Ich möchte damit betonen, dass der Bardino nicht unabhängig sein will, er akzeptiert die menschliche Führung durchaus. Eine Ziegenherde auf den Kanaren, die scheinbar sich selbst überlassen ist und nur von einem oder zwei Bardinos bewacht wird, welche scheinbar teilnahmslos in der unmittelbaren Nähe der Herde vor sich hin dösen, ist perfekt gehütet. Denn, bei genauer Beobachtung stellt sich heraus, dass die Bardinos alles unter Kontrolle haben.

Für einen Hütehund ist sein Schäfer der Leitwolf und er folgt seinen Befehlen. Durch gezielte Zucht wurde das spezielle Jagdverhalten, das für das Hüten wichtig ist, bei den Bardinos verstärkt und die übrigen Instinkte, die unerwünscht waren, zurückgedrängt.

Im Spiel kann man immer wieder beobachten, dass auch in der Jagd weniger ambitionierte Hunde verschiedene Instinkthaltungen des Jagens beherrschen. So rennt ein Hund zum Beispiel hinter einem weggeworfenen Spielzeug her, „schüttelt die Beute tot" und rupft sie eventuell noch auseinander. Der Bardino ist in der Regel kein allzu großer Freund des Wassers, auch kein Hund zum Bällchenspiel oder ein Hund, der wie oben beschrieben, seine Beute „schüttelt".

Natürlich gibt es auch verspielte Bardinos, die sich über das Spiel zum Suchen ausbilden lassen, gerade wenn der Spieltrieb als Welpe extrem gefördert wird. Ich habe vor Jahren einen sehr verspielten 3-jährigen Schäferhund-Bardino-Mischling an jemanden vermittelt, der mit ihm jahrelang in der Rettungshundestaffel tätig war.

Sie sollten sich als Besitzer eines Bardinos nicht wundern, dass dieser am glücklichsten ist, wenn er seine „Lieblingsmenschen" komplett „zusammen" hat und seine „Herde" überblicken kann. Wenn die Familie vereint ist, kann er sich entspannen, alle sind in einem Raum und eine gewisse innere Unruhe des Hundes, welche Sie wahrscheinlich nicht bemerken, wird abgelegt. Der Bardino neigt gegenüber vielen anderen Hütehundrassen nicht zur Nervosität.

▪ **Merke:** Lassen Sie Ihren Hund nie nach Mäusen graben. Die Jagd nach Mäusen kann den Jagdtrieb fördern oder, noch schlimmer, den Jagdtrieb erst wecken.

Im Leben der treueste Freund,
der Erste mich zu begrüßen,
der Vorderste mich zu verteidigen.
(Lord George Gordon Noel Byron, 1788-1824)

■ Die Cabra Majorera und der Majorero

Anfang des 15. Jahrhunderts wurde Fuerteventura, die älteste Insel der Kanaren, als eine flache Insel beschrieben mit großen U-förmigen Tälern, einer wüstenartigen Pflanzenwelt, einigen wenigen Süßwasserseen, kleineren Waldstücken und mit Bergen, die man nur zu Pferd bereisen konnte.

In jedem Winkel der Insel grasten Ziegen, Schafe und Schweine und vor den Häusern oder bei den Herden der Ureinwohner lagen äußerst wachsame Hunde - die Bardinos.

Frei laufende Schweine sind heute auf Fuerteventura wohl kaum noch zu sehen, aber es gibt noch immer riesige Ziegenherden, die sich über das ganze Land zerstreuen und frei leben, ohne Ziegenhirten oder Hütehunde.

Aktuellen Schätzungen zufolge leben heute ca. 40.000 Ziegen auf der Insel. Ein Großteil davon, die so genannten „Cabra Majorera", leben an der kargen Küste. Ihre Rasse wurde im Jahr 2003 offiziell als Ziegenrasse anerkannt. Dies stimmt die Bardino-Majorero-Züchter zuversichtlich in ihrem Bestreben, dass auch der Bardino Majorero, der ebenfalls auf Fuerteventura beheimatet ist und niemals ausgerottet werden konnte, offiziell von allen Rassehundeverbänden anerkannt wird und nicht - wie bisher - nur vom spanischen Rassehundeverband.

Bis heute ist uns ein alter Brauch der Guanchen erhalten geblieben: Die so genannten „Apañadas". Bei den Apañadas werden einmal im Jahr in verschiedenen Ortschaften Fuerteventuras die Ziegen der Küstenregionen, die sich auf weiten Gemeindeflächen frei bewegen, von Ziegenhirten und deren Hütehunden zusammengetrieben. Bei dieser rituellen Arbeit, der inzwischen auch als Wettstreit unter den Ziegenhirten gilt, sind nur Männer zugelassen und der Bardino Majorero darf dabei natürlich nicht fehlen.

Unterstützt durch die Hunde werden die Ziegen noch in eigens dafür geschaffene, große, kreisförmige Gehege getrieben, die von bis zu zwei Meter hohen übereinander gestapelten Steinen begrenzt werden. Man nennt diese Gehege „Gambuesas".

Die Ziegen werden gekennzeichnet, gemolken und die männlichen Tiere werden zum größten Teil kastriert.

Dieser Viehtrieb bietet sowohl den Ziegenbauern als auch ihren Hunde (meist Bardinos, Bardino-Mischlinge und andere Hütehunde) die Gelegenheit, ihr Können zu zeigen. Die Ziegenbauern verrichten ihre harte Arbeit mit Stöcken und viel Lärm.

Die Ziegen werden mit gezielten Steinwürfen und mit Unterstützung der Hunde zusammengetrieben. Da sich die Ziegen oft an den Steilküsten aufhalten, kommt hier der kluge und geschickte Bardino voll zum Zuge.

Faule Schäfer haben gute Hunde.
(Deutsches Sprichwort)

■ Der Bardino und die Vögel

Auf den Kanaren kommen vergleichsweise viele Vogelarten vor, da sowohl Europa als auch Afrika nicht fern sind. Die Inseln liegen nur einige hundert Kilometer westlich einer wichtigen Zugstraße zahlreicher Vogelspezies.

Vielleicht haben Sie auch einen Bardino, der immer sehr aufgeregt ist, wenn er Vögel sieht. Der sonst eher ruhige Hund beginnt zu bellen und schaut aufgeregt zum Himmel. Man könnte meinen, er wolle die Vögel vom Himmel holen, so wild bellt er und hüpft in die Höhe. Ist Ihr Bardino freilaufend, rennt er den Vögeln hinterher und kläfft in den wildesten Tönen. Erst wenn der Vogel sehr hoch fliegt und kaum noch zu sehen ist, beruhigt er sich wieder und kommt triumphierend zu Ihnen zurück.

Sie fragen sich, woher dieses Verhalten kommt?
Besonders die streunenden Hunde auf den Kanaren suchen sich ihre Nahrung in der Nähe von Mülldeponien, Müllcontainern oder Restaurants. Dort lauern nicht nur andere Tiere wie Katzen auf Nahrung, sondern auch Vögel. Oft sind die Weißkopfmöwen oder Mittelmeermöwen, vereinzelt Kolkraben und Tauben (meist Stadttauben) in der Nähe und versuchen, den Hunden das Futter streitig zu machen. Ihr Ablenkungsmanöver ist schon sehr raffiniert: Ein Vogel „ärgert" den Hund, und der andere klaut einen Teil der „Beute".
Wie Sie wissen, liegen die meisten Bardinos und Bardino-Mischlinge auf den Kanaren an der Kette. Aus purer Langeweile kauen sie an der Kette herum oder fressen Steine gegen den Hunger. Daher kann es auch sein, dass die Zähne schon mehr abgenutzt sind, als es z. B. bei einem deutschen Hund im gleichen Alter der Fall ist. Ein Leben ohne Kette, also z. B. auch Gassigänge, kennen die Hunde meist nicht. Ihrem natürlichen Drang, sich frei zu bewegen, können sie so nicht nachkommen. Gibt es dann Futter und Wasser, ist dies der Höhepunkt des Tages. Hunde, die an der Kette liegen, verteidigen ihr Futter noch mehr gegen die Vögel und fressen meist hastig.

Wenn du einen verhungernden Hund aufliest und machst ihn satt,
dann wird er dich nicht beißen.
Das ist der Unterschied zwischen Hund und Mensch.
(Samuel Langhorne Clemens, „Mark Twain", 1835-1910)

■ Natürliche Beißhemmung

Gerade wenn es um Kinder geht, wird oft gefragt, ob der Bardino eine natürliche Beißhemmung hat. Die Existenz einer Beißhemmung ist beim Hund generell unstrittig. Die Beißhemmung bei Hütehunden ist, wenn es stimmt, dass sie angeboren ist, natürlich ausgeprägter.

■ Was ist eine Beißhemmung?

Eine so genannte Beißhemmung vermindert Verletzungsrisiken innerhalb eines Rudels und sichert in einem gewissen Maße die Gesundheit der einzelnen Sozialpartner. Natürlich wäre ein Hütehund, der das zu hütende Tier verletzt, unbrauchbar.

Eine natürliche Beißhemmung gegenüber Familien- sowie Rudelmitgliedern und den zu hütenden Tieren schließt allerdings keine rudelfremden Tiere ein. Bei einer territorialen Verteidigungsaggression wird oft ungehemmt und ohne Rücksicht auf Angriffs- bzw. Unterordnungsgesten des Gegners gebissen.

Doch wie verhält sich der Urvater aller Hunde, der Wolf, in dieser Situation? Beim Wolf hat nur die Alphahündin das Recht, Welpen zu bekommen. Sie wird ohne Gnaden andere Welpen töten. Hier werden beispielsweise die Welpen, trotz Unterwerfungsgesten, nicht geschont.

Bei sozialisierten erwachsenen Hunden, die nicht zur Familie gehören, löst die Unterwürfigkeit der Welpen, also wenn sich der Welpe auf den Rücken wirft und seine Weichteile als Geste entblößt, in der Regel eine Beißhemmung aus. Gehen Sie aber nicht automatisch davon aus, dass ein erwachsener Hund Ihrem Welpen generell nichts tut. Ob es Welpenschutz gibt oder nicht, darüber streiten sich die Gelehrten. Als Faustregel gilt, dass man von einem Welpen nur bis zum Ende der 12 Lebenswoche sprechen kann. Danach ist Ihr Hund ein Junghund und sollte auch entsprechend behandelt werden.

■ **Mein Ratschlag:** Wenn Sie einen ganz jungen Welpen haben, und dieser bei einem ausgelassenen Spiel mal etwas fester zupackt, „quietschen" Sie sofort laut und beenden Sie das Spiel. Das würde auch ein anderer Welpe tun, wenn er von einem anderen Hund zu fest gezwickt wird. Wenn Sie die Hand erschrocken wegziehen, schnappt der Welpe begeistert nach. Natürlich, er hält es ja für einen Teil des Spiels. Ignorieren Sie den Hund einfach für einige Zeit und fordern Sie ihn dann von sich aus zum Weiterspielen auf.

Aufgrund langjähriger Erfahrung bin ich der Meinung, dass man bei Bardinos von einer Beißhemmung sprechen kann. Ich würde als Einbrecher und somit als Bedrohung des zu „behütenden" Menschen oder der zu bewachenden Herden aber nicht davon ausgehen, dass man in jedem Fall auf diese natürliche Beißhemmung bauen kann, denn ein Bardino hütet und bewacht mit einer Leidenschaft, die ihresgleichen sucht!

Einen Bardino sollte man nie mit einem Stock bedrohen. Dies ist auf den Kanaren noch immer ein gängiges Mittel, um einen Hund zu provozieren oder ihn zu „erziehen". Die vielen ängstlichen Hunde in den Perreras bestätigen dies. Denken Sie immer daran, ein Bardino ist ein wachsamer und stolzer Hund und garantiert schneller als ein Mensch. Also provozieren Sie ihn besser nicht – schon gar nicht, wenn es nicht Ihr eigener Hund ist!

Andererseits habe ich jedoch noch nie von einem tödlich verlaufenden Kampf unter Bardinos gehört! Dies wurde mir so auch von verschiedenen Bardino-Kennern bestätigt, vielmehr hieß es in der Regel „Sehr gute Wächter, hervorragende Hüter und Familienhunde, instinktsicheres Verhalten, nicht bösartig veranlagt, aber sehr wohl wissend, was zu tun ist, auch in Notsituationen und dann unnachgiebig!"

Versuchen Sie bitte nie, sich einer Ziegenherde zu nähern, wenn Bardinos bei der Arbeit sind. Wenn dann der Ziegenhirte nicht in der Nähe ist, werden Sie eine lange Zeit innerhalb der Ziegenherde stehen und sich nicht mehr wegbewegen können. Wahrscheinlich kommen Sie heil aus der Situation heraus, weil die Bardinos Sie nur stellen würden. Garantiert werden Sie aber nicht versuchen, eine andere Situation herauszufordern, denn das Knurren der Bardinos und der Blick direkt in Ihre Augen ist Furcht einflößend genug, um sie vor Kurzschlussreaktionen wie „Wegrennen" zu bewahren.

Sie sind besser als die Menschen, denn sie wissen alles,
reden aber nicht darüber.
(Emily Elisabeth Dickinson, 1830-1886)

■ Kind und Hund

Nicht alle Hunde sind gleich. Dies ist eine der wichtigsten Regeln für den Umgang von Kind und Hund. Natürlich sollte das Kind auch niemals fremde Hunde anfassen, ohne den Besitzer vorher zu fragen. Zudem sollte das Kind, wenn der Hund mit dem Kind Kontakt aufnimmt, locker stehen und den Hund ignorieren.

Gerade wenn ein neuer Hund bei Ihnen einzieht, sind Kinder meist außer Rand und Band. Die Freude ist riesengroß und am liebsten würden die Kinder den Hund mit ihrer Freude und Liebe erdrücken. Das kenne ich aus eigener Erfahrung nur zu gut, für nahezu alle Lebensphasen, in denen sich Kind und Hund befinden können. Denn unsere Söhne sind mit Hunden aufgewachsen und daran von klein auf gewöhnt, dass wir eigene Hunde und Pflegehunde haben. Bei den Pflegehunden war es immer ein Kommen und Gehen, und der Abschied verlief manchmal auch tränenreich, wenn sie den lieb gewonnenen Pflegehund wieder abgeben mussten. Das war besonders schwer, wenn es sich um einen Welpen handelte, denn gerade die süßen Bardinowelpen suchten stets den Kontakt zu den Kindern und versuchten immer wieder, irgendwie in die Kinderzimmer zu kommen, wo dann natürlich kein Kinderspielzeug mehr sicher war.

Egal wie klein unsere Söhne waren, sie wussten immer, dass wir mehr Hunde „retten" konnten, wenn jeder Hund nach unserer Pflege und Vermittlung auch wieder abgeben wurde und somit wieder ein neuer Hund „nachrücken" konnte.

Als unsere Söhne älter waren, nahmen wir eher schwierige Hunde auf; Hunde, die nicht direkt von den Inseln weitervermittelt werden konnten. Mit diesen Hunden musste vorher intensiv gearbeitet werden. Da diese Hunde dann natürlich länger bei uns blieben und die Kinder bei der Ausbildung zuschauten bzw. auch schon mithalfen, wurde die Bindung zwischen Pflegehund und Kind inniger. (Cedric Connors Hunde heißen „Lobo" und „Ascan". Colin Finns Hunde sind „Icu" und „Oso".)

Obwohl in unserer Familie schon sehr viele eigene Hunde und noch wesentlich mehr fremde Hunde gelebt haben, gab es nie Probleme zwischen den Hunden und unseren Söhnen. Wir waren immer der Auffassung, dass ein Hund auch einmal knurren darf, um so seinen Unmut zu zeigen. So setzte sich Colin Finn einmal zu unserem Hund Kimba auf dessen Schlafplatz, um ihn mal „so richtig ausgiebig zu knuddeln", wie er uns später sagte. Kimba knurrte, wurde jedoch nicht ausgeschimpft. Colin Finn musste sofort den Schlafplatz von Kimba räumen.

Eine weitere wichtige Regel ist, dass Sie Ihrem Hund auf jeden Fall einen Platz zugestehen sollten, wohin er sich zurückziehen kann, wenn er seine Ruhe haben möchte. Hier hat der Mensch, vor allem ein „kleiner" Mensch, nichts zu suchen. Erklären Sie Ihrem Kind bitte auch, dass es stillhalten soll, wenn ein Hund mit seinem Maul nach Hand oder Bein des Kindes greift. Wir Menschen haben Hände, um zu greifen. Der Hund aber hat nur sein Maul, um etwas zu greifen. Insbesondere Hütehunde tun dies.

Wenn zwei Hunde miteinander raufen, sei es nun als Spiel oder bei einem Angriff, darf Ihr Kind nie unmittelbar eingreifen. Unsere Kinder „brüllen" dann meist AUS! und machen so Erwachsene darauf aufmerksam, dass etwas los ist. Aber nie würden sie selbst dazwischenfahren, um die beiden Raufbolde auseinander zu bringen. Weiterhin ist zu beachten, dass ein Hund beim Fressen nie gestört werden darf. Kinder sollen auch nicht (z. B. im übermütigen Spiel) versuchen, dem Hund den Futternapf wegzunehmen. Am besten schließen Sie einfach die Tür vor den Kindern, bevor Ihr Hund gefüttert wird. Dann hat das Kind auch wirklich nicht die Gelegenheit, den Hund beim Fressen zu stören. Um Kind und Hund aneinander zu gewöhnen, sind Leckerchen ein beliebtes Mittel. Allerdings laufen gerade Kleinkinder gern mit Essbarem durch die Wohnung. Dies erhöht natürlich die Gefahr, dass der Hund zum Dieb wird. Das Kind sollte daher stets am Tisch essen und dem Hund nur dann Leckerchen geben, wenn Erwachsene dabei sind.

Auch sollte man niemals einen Hund an der Rute festhalten oder darauf treten. Der Sohn einer Bekannten lernte durch einen Bardino-Rüden laufen. Er hielt sich bei dem gutmütigen Tier an der Rute fest und so gingen die beiden Gassi. Dies ist eine Ausnahme! Versuchen Sie dies lieber nicht. Dieser Bardino-Rüde ist ein Ausnahmehund mit Nerven wie Drahtseile, und er ist wirklich extrem kinderlieb!

■ **Wichtig:** Egal, was passiert, Kinder sollten NIE vor einem Hund davonlaufen. Dies animiert den Hund nur zu hetzen, und kein Kind ist schneller als ein Hund. Ganz gleich, wie groß die Angst auch ist, grundsätzlich gilt: Stehen bleiben, den Hund nicht anschauen, schon gar nicht in die Augen. Alles vermeiden, was ein Hund als Bedrohung auffassen könnte. Nicht mit einem Stock nach einem Hund schlagen. Ruhe bewahren!

■ Bardino als Blindenführhund?

Über den Bardino sagt man, er eignet sich gut für behinderte Menschen, da er wie bei kleinen Kindern eine ganz besondere Gespür für Unsicherheiten und körperliche Defizite hat und dann entsprechend auf „seinen" Menschen achtet. Daher gilt der Bardino ja auch als kinderlieb, weil er auf ihm anvertraute Kinder besonders gut aufpasst.

Wie die kanarische Inselzeitschrift „Info Canarias" berichtet, hat der Verein „Club National del Perro Majorero" den Bardino nun auch zum Blindenführhund vorgeschlagen.

Gut ausgebildete Blindenführhunde sind Assistenzhunde, die ihren blinden oder stark sehbehinderten Haltern ein hohes Maß an Sicherheit, Unabhängigkeit und individueller Mobilität ermöglichen.

Die Ausbildung eines Blindenführhundes beginnt im Alter von einem Jahr und dauert, je nachdem wie lernfähig das Tier ist, zwischen sechs und acht Monaten. Bis zum Beginn der Ausbildung lebt der Hund entweder bei einer Patenfamilie oder bei seinem Ausbilder.

Hundeführer und Hund bilden dabei ein ideales Team: Der stark sehbehinderte oder blinde Hundeführer fungiert als „Navigator" und der Blindenführhund als sein „Pilot". Der Hund erhält von seinem Hundeführer akustische Kommandos wie z. B. „Suche Tür!", „Suche Aufzug!", setzt die Kommandos um und führt seinen blinden oder sehbehinderten Menschen sicher durch den Straßenverkehr oder durch sonstige kritische Bereiche.

Bleibt der Hund stehen, kann sein Besitzer die nähere Umgebung mit seinem Blindenstock abtasten und das jeweilige Hindernis „erkennen". Ein guter Blindenführhund beherrscht in der Regel 40 Hörzeichen; allerdings kann er – bei konsequentem Training mit permanenten und intensiven Übungen – sogar bis zu 400 verschiedene Hörzeichen erlernen.

Für ein gut eingespieltes Team (blinder Mensch und Blindenführhund) sind Hindernisse wie parkende Autos, Bordsteinkanten, Straßenschilder, Schlaglöcher,

herabhängende Äste, abrupte Höhenunterschiede wie vereinzelte Stufen oder Treppen etc. kein Problem.

Ein gut ausgebildeter Blindenführhund umgeht jegliche Art von Hindernissen oder zeigt diese an, indem er stehen bleibt.

Ein blinder Hundeführer gibt dem Hund entsprechende akustische Kommandos, der Blindenführhund führt die Kommandos aus. So sucht er wunschgemäß freie Sitzplätze (z. B. auf einer Parkbank, im Zug, im Bus etc.), Telefonzellen, Briefkästen, Türen, Treppen, Zebrastreifen und vieles mehr. Er zeigt das Gefundene an, indem er davor stehen bleibt.

Als treuer Partner ihrer blinden und sehbehinderten Menschen muss der Blindenführhund im Fall einer plötzlichen Gefahr aber auch in der Lage sein, einen Befehl ausnahmsweise zu verweigern. Diese Verhalten, auch „intelligenter Ungehorsam" genannt, bewirkt eine teilautonome Handlung des speziell ausgebildeten Hundes. In einer für den blinden Menschen bedrohlichen Lage (z. B. im Straßenverkehr) kann der Blindenführhund selbständig gefährliche Situationen auflösen, auch wenn er dazu Befehle des Hundeführers missachten muss. Selbstverständlich muss der Blindenführhund sein Frauchen oder Herrchen auch bei Angriffen verteidigen.

Als Blindenhund eignen sich nur gesunde und kastrierte Hunde, die sozial verträglich, friedfertig, intelligent, wesensfest, nervenstark und arbeitsbelastbar sind. Die soziale Bindung und vor allem das absolute Vertrauen zwischen Mensch und Hund ist die wichtigste Voraussetzung für ein gut funktionierendes Führgespann. Ein gut ausgebildeter Blindenführhund macht seinem Frauchen oder Herrchen gerne eine Freude. Das ist genau das, was blinde oder stark sehbehinderte Menschen an ihrem treuen Vierbeiner so schätzen und lieben.

Nach Informationen des Vereins „Club National del Perro Majorero" soll sich der Bardino Majorero deshalb so gut zum Blindenhund eignen, weil er sich problemlos an jede neue Situation anpasst und leicht und schnell lernt. Die Inselregierung habe, so informiert der „Club National del Perro Majorero", schon den Vorschlag aufgegriffen und mit der spanischen Blindenorganisation „ONCE" (Organización Nacional de Ciegos Españoles) erste weiterführende Gespräche geführt. Bereits 2007 wurde der Bardino als „Perro Majorero" (als einheimischer Viehhütehund) auf der Messe für Landwirtschaft, Viehzucht und Fischfang (FEAGA) in Pozo Negro (Fuerteventura) als wichtiger Helfer vorgestellt. Auch 2008 wurde der Bardino wieder gezeigt und es wurde Infomaterial zur Rasse verteilt.

Natürlich verfolge ich nun mit großem Interesse den weiteren Werdegang des Bardinos zum anerkannten kanarischen Blindenführhund. Auf dem Weg dorthin werden diesen Hunden mit Sicherheit ihre Intelligenz, der ausgeprägte Instinkt und die bedingungslose Liebe zu ihren Besitzern ein großes Stück weiterhelfen. Inwieweit sich jedoch die Wachsamkeit der Bardinos dann zum Nutzen der blinden und stark sehbehinderten Menschen bezahlt macht, ist abzuwarten. Was ein Gebrauchshund wie der Deutsche Schäferhund auf der ganzen Welt als Blindenführhund geschafft hat, kann der Bardino auf den Kanaren sicher auch erreichen. Immerhin dient er uns Menschen dort schon seit Jahrhunderten als treuer Hüte- und Wachhund.

Erziehung und Pflege ...

▨ Erziehung von Bardinos

Aus Erfahrung wird man klug. Dieses Sprichwort ist zu Recht weit verbreitet und gilt auch für die Hundehaltung. Einem Fehlverhalten des Hundes geht fast immer ein Fehlverhalten des Menschen voraus. Vergessen Sie nie: Eine liebevolle, vertrauensvolle Bindung schafft die beste Grundlage für einen folgsamen Hund.

Sie können nicht jeden Hund oder jede Rasse über einen Kamm scheren. Mich hat es schon immer verwundert, dass manche Hundeschulen meinen, bei jedem Hund die gleiche Erziehungsmethode anwenden zu können. Dies halte ich für überholt und wie die Praxis zeigt, auch für nicht artgerecht. Man muss bei einem Hund immer den Charakter, die Rasse, die Persönlichkeit und die Sensibilität beachten. Auch die Herkunft des Tieres ist zu berücksichtigen.

Ein äußerst sensibler Hund wird nach einem „Kasernenton" in sich zusammenbrechen. Nicht jedes Training lässt sich auf jeden x-beliebigen Hund übertragen. Man sollte im Prinzip die natürliche Lernveranlagung eines jeden Hundes so lenken, dass er durch individuelles Training Spaß daran findet, etwas Neues zu lernen.

Am effektivsten ist meiner Meinung nach die „positive Bestärkung", also Erziehung über Motivation statt Zwang. Eine natürliche Autorität ist hilfreich, weil sie Missverständnisse mit dem Hund erst gar nicht aufkommen lässt. Es wird meist früher oder später dazu kommen, dass der Hund die Führungsqualitäten seines Menschen antastet. Wichtig ist, diese Ansätze sofort zu erkennen und umgehend erzieherisch zu reagieren. Die Situation muss schnell aufgelöst und der Hund entsprechend korrigiert werden. Damit nehmen wir ihm direkt den Wind aus den Segeln und zeigen, dass wir unsere Führungsrolle zu Recht innehaben. Konsequente Erziehung, aber nur mit der Stimme und deutlichen Gesten, niemals mit Gewalt und Schlägen! In der Regel akzeptiert der Hund die Korrektur anstandslos und entschuldigt mit einem Blick: „Ich wollte es ja nur mal versuchen!"

Richtiges Verhalten wird sofort belohnt, Fehlverhalten konsequent ignoriert. Bedenken Sie aber bei der Erziehung immer, dass der Hund sich nur 1 bis 2 Sekunden nach dem Ereignis daran erinnern kann. Er kann sich auch nur kurz konzentrieren und erlernt etwas nur durch häufiges Wiederholen.

Ein Bardino ist ein stolzes Tier. Erziehen Sie ihn vom ersten Tag an mit konsequenter Liebe. Jeder Hund braucht eine hierarchische Sozialstruktur. Einen Hund wird es maßlos verwirren, wenn jedes Familienmitglied mit ihm anders umgeht. Arbeiten Sie also immer mit den gleichen Befehlen und Sichtzeichen. Benutzen Sie immer das gleiche Kommando. Denken Sie daran: Der Schlüssel zum Erfolg ist ganz klar die Konsequenz bei der Erziehung. Der Bardino ist meist ein etwas sturer und selbstbewusster Hund. Er weiß in der Regel, wer und was er ist, und wird dies auch von Zeit zu Zeit zeigen wollen.

Unser Bardino-Rüde Lobo war eher ein „Freigeist" und wollte uns anfangs nicht gehorchen; vielmehr versuchte er ständig, seinen Sturkopf durchzusetzen. Es war schwer, ihm Grenzen zu stecken. Dies zeigte er uns schon auf Fuerteventura sehr deutlich. Wenn überhaupt, reagierte er auf unsere Kinder. Als wir in Deutschland anfingen, ihn ständig zu bürsten, wurde es besser. Nach und nach baute er eine engere Bindung zu uns auf. Ich gebe zu, es hat eine Weile gedauert, bis er anfing, das Kämmen zu mögen, aber heute genießt er es sehr.

Zu bedenken ist auch, dass die Erziehung eines Hundes ein Leben lang dauert. Auch ältere Hunde sind sehr stolz, wenn sie etwas Neues erlernen und dafür ein Lob bekommen. Genau wie der Mensch lernt auch das Tier nie aus.

Geübt werden muss täglich, wenn möglich an unterschiedlichen Orten mit stets wechselnden Unterrichtszielen, so dass sich keine Gewohnheit bei dem Hund einschleicht. Beenden Sie die Übung immer mit einem bereits gelernten und verstandenen Befehl. Loben nicht vergessen!

Neben der Erziehung zur Stubenreinheit und zum Einhalten der Verbote gibt es weitere Dinge, die zur Grunderziehung jedes Hundes gehören. Das Gehen an der Leine sowie die wichtigen Kommandos wie HIER!, SITZ!, PLATZ!, BLEIB! FUSS! PFUI! und AUS!

Jedes Kommando muss auch wieder aufgehoben werden. Nach einem SITZ! folgt der Befehl LOS! oder HOPP! zum Weitergehen. Gehen Sie immer mit dem linken Fuß los und führen Sie Ihren Hund grundsätzlich immer links. Das BLEIB! wird durch ein KOMM! aufgehoben.

Hunde lernen aus Erfahrung. Sie wiederholen und erstreben mit Vorliebe alles, was ihnen gut tut, und meiden wenn möglich alles, was ihnen weh tut oder was sie nicht mögen. Vor allem lernen sie auch im Spiel und reagieren über ihre angeborenen Instinkte und konditionierten Reaktionen auf gegebene Signale. Das ständige Wiederholen des Erlernten festigt das erwünschte Hundeverhalten und seine Reaktion.

Hunde lernen durch Erfahrungen, sowohl durch negative als auch durch positive, die sie unmittelbar in dem Moment machen, in dem sie ein bestimmtes Verhalten zeigen. Es ist sinnlos, einen Hund zu bestrafen, wenn man ihn ruft und er nicht sofort kommt. Schon gar nicht, wenn der Hund zum Beispiel mit anderen Hunden spielt und abgelenkt ist. Der Hund würde sonst die Bestrafung mit dem Zurückkommen verbinden. Durch die von ihm nicht verstandene Bestrafung könnte er schnell das Vertrauen zu seinem Herrchen oder Frauchen verlieren. Somit wäre das Zurückkommen negativ verstärkt worden und nicht das Nichtkommen auf Zuruf.

Ich habe selten gehört, dass erwachsene Bardinos an Menschen hochspringen. Ausgewachsene Bardinos (Bardinos ab ca. 2 Jahren) sind meist, sagen wir einmal, zu „hochmütig oder erhaben" dazu. Bei Bardinowelpen ist das natürlich etwas anderes. Hier ist es wie bei allen Welpen. Der Welpe versucht, durch Hochspringen ans menschliche Gesicht zu gelangen, um die Mundwinkel zu lecken. Sie wollen damit ihre Demut demonstrieren. Je mehr Sie darüber schimpfen, desto heftiger springt der Welpe, um Sie zu beruhigen und seine Unterwürfigkeit kundzutun. Wegschieben deutet der Welpe als Signal zum Spiel, mit dem er Ihre Aufmerksamkeit erringt. Abhilfe: Bleiben Sie regungslos stehen, reden Sie nicht mit dem Hund und schauen Sie ihn nicht an. Wenn er sich irgendwann hinsetzt, bücken Sie sich sofort und loben ihn.

Bringen Sie ihrem Bardino bitte frühzeitig bei, allein im Haus zu bleiben. Beginnen Sie mit der Übung nach einem ausgiebigen Spaziergang oder einem guten Fressen, denn dann ist der Hund erschöpft und zieht sich auf seinen Platz zurück. Spielzeug und Kauknochen in Reichweite lenken ihn nach dem Aufwachen ab.

Gehen Sie zunächst einfach nur zum Briefkasten oder zur Mülltonne und verabschieden Sie sich nicht. Hören Sie den Vierbeiner drinnen herzzerreißend wimmern, ignorieren Sie es. Für Ihre Wiederkehr wählen Sie einen Moment, in dem drinnen alles ruhig ist. Hat Ihr Hund brav auf Sie gewartet, loben Sie ihn kurz und unverzüglich, bevor Sie mit dem normalen Tagesablauf weitermachen. Dehnen Sie die Pausen zwischen Weggehen und Wiederkommen langsam aus.

▧ **Wichtig:** Kein Radfahren mit Welpen und Junghunden! Welpen und Junghunde sollten nicht am Fahrrad mitlaufen. Bardinos wachsen langsam und man sollte sie erst ab anderthalb Jahren schrittweise daran gewöhnen, am Rad mitzulaufen. Solange der Bardino, aber auch jeder andere Hund, sich noch im Wachstum befindet, ist die körperliche Belastung und die Gefahr, dass Gelenkprobleme entstehen, noch zu groß. Dies gilt natürlich auch für das Mitlaufen neben Pferden. Gewöhnen Sie Ihren Hund ruhig früh an das Fahrrad und auch an das Mitlaufen, aber machen sie nur kleine Touren von maximal 10 Minuten.

Hunde haben alle guten Eigenschaften eines Menschen ohne gleichzeitig ihre Fehler zu besitzen.
(Friedrich II, „Friedrich der Große", König von Preußen 1712-1786)

Goldene Regeln zum Erfolg

- Geben Sie nie ein Kommando, das Sie nicht durchsetzen können (einer wird immer erzogen – entweder Sie oder Ihr Hund).
- Seien Sie bei Misserfolgen immer ehrlich. Fragen Sie, was habe ich falsch gemacht!
- Füttern Sie Ihren Hund nicht vor dem Training, denn Hunger fördert die Lernwilligkeit.
- Versuchen Sie die Aufmerksamkeit Ihres Hundes zu wecken und lassen Sie sich nicht ablenken.
- Üben, üben, üben und nicht nur am Samstagvormittag. Am besten üben Sie 2 bis 3 Mal täglich 10 bis 20 Minuten.
- Üben Sie grundsätzlich an der Leine, bis Ihr Hund die Übungen beherrscht.
- Üben Sie erst danach ohne Leine und dann am besten im Garten oder dort, wo der Hund nicht ausweichen kann. Der Hund darf nie erfahren, wie hilflos Sie sind, wenn er nicht will. Er muss davon überzeugt sein, dass Sie ihn im Griff haben.
- Hören Sie immer mit einem Erfolgserlebnis auf (auch, wenn Sie auf Übungen zurückgreifen müssen, die er schon beherrscht).
- Verlieren Sie nie die Beherrschung. Der Hund kann nicht wie ein Mensch denken, also müssen Sie lernen, zu denken wie ein Hund.
- Setzen Sie sich nach einem Fehlverhalten des Hundes unbedingt durch. Bei Erfolg sollten Sie sich unbedingt freuen.
- Bringen Sie Abwechslung in die Ausbildung. Der Hund muss Gelegenheit haben, sich zwischen den Übungen zu entspannen. Sie übrigens auch!
- Meiden Sie am Anfang Störungen. Festigt sich die Übung, bauen Sie zunehmend Störungen ein.
- Geben Sie jedes Kommando nur einmal (z. B.: „FUSS!"); zweimal wäre schon zu viel, es führt zur Harthörigkeit des Hundes (Ihr Hund nimmt Sie nicht ernst).

(Quelle der „Goldenen Regeln":
Klaus Karrenberg, Tierpsychologe, Wehrheim/Hessen)

www.Bardino.de

Häufige Fehler bei der Hundeführung

- Mangelnde Konsequenz und Bequemlichkeit

- Fehlersuche beim Hund

- Nach dem Füttern üben (Vorsicht: Gefahr einer Magendrehung!)

- Mangelnde Konzentration bei Ihnen und dem Hund

- Fehlende Ausdauer

- Falsch angewandter Zwang (Vermenschlichung)

- Zu lange ohne Pause üben (1 ganze Stunde)

- Ohne Leine üben, noch bevor der Hund die Übung mit der Leine beherrscht

- Übung beenden, wenn der Hund etwas falsch gemacht hat

- Kommandos nicht durchsetzen

- Einzelne Übungen zu lange ausdehnen

- Störungen und Ablenkungen bei neuen Übungen

- Zu viele Kommandos auf einmal

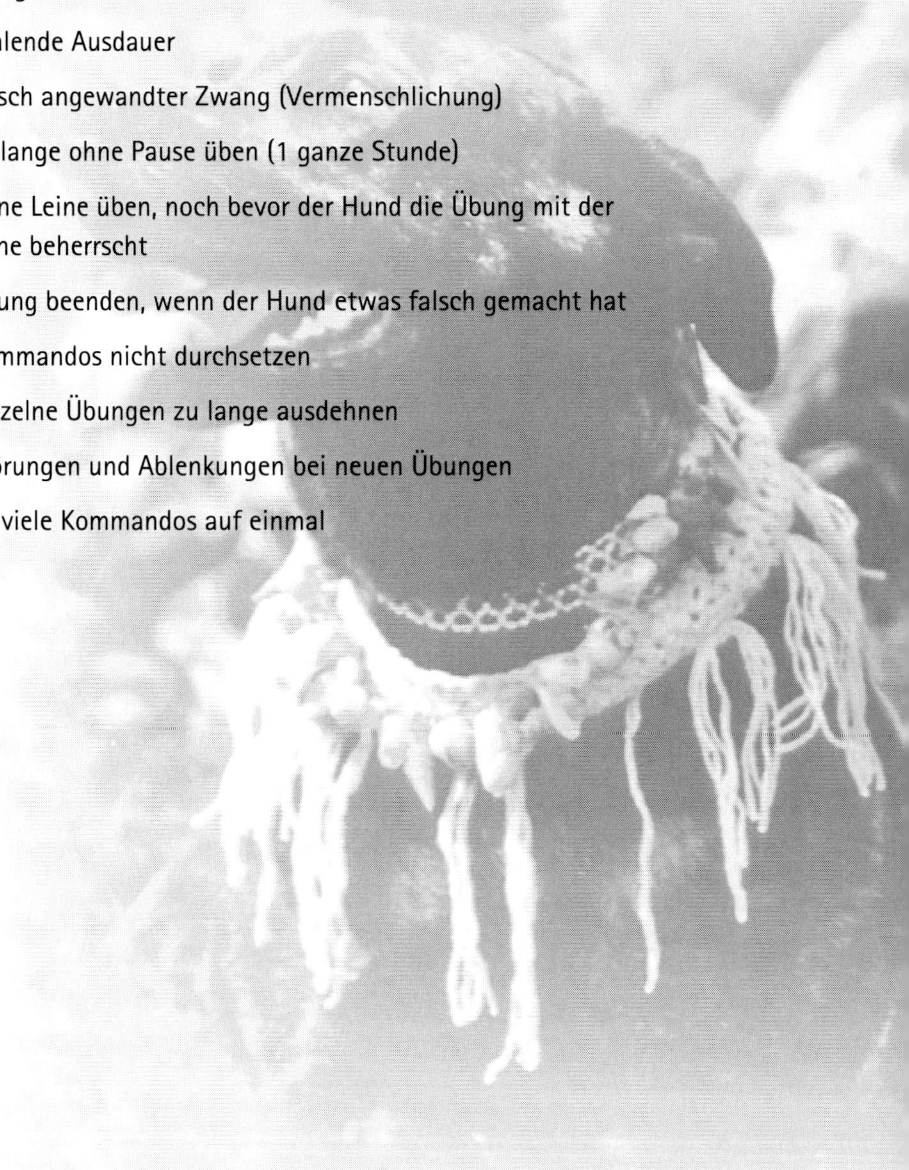

Hunde sind sehr empfindsame und soziale Wesen. Man sollte sie nicht anbrüllen, nicht an ihnen herumzerren oder sie gar hinunterdrücken. Auch würde ein Hund eine Futtersperre nicht als Strafe verstehen. Wie alle anderen Lebewesen auch darf ein Hund niemals gequält oder misshandelt werden. Die Würde eines Hundes ist stets zu respektieren. Das neue Tierschutzgesetz sichert auch diese Rechte.

Bedenken Sie auch immer: Die Liebe Ihres Bardinos können Sie nicht erkaufen, Sie können Ihren Bardino nicht bestechen und ihn auch nicht zwingen, Sie zu lieben. Man kann die Liebe eines Bardinos nur erwerben, wenn man aus der Sicht des Bardinos ein verlässlicher, liebevoller und vor allem ein gerechter Partner ist, der auf die Hundebedürfnisse eingeht, also häufig und regelmäßig mit dem Hund spielt, ihn nicht lang allein lässt, ihn streichelt ...

Zu guter Letzt eine Bemerkung, die ein „Bardinobesitzer" mir gegenüber einmal machte. Dieser konnte sich hervorragend in seine Bardina hineinversetzen ...

„Stellen Sie sich einmal die Welt mit den Augen Ihres Hundes vor. Ihr Hund kennt keinen Bus. Sie bringen Ihr Kind zum Bus. Das Kind nimmt traurig von dem neuen Familienmitglied Abschied, denn es muss ja in die Schule. Der Bus, das riesige Monster, öffnet sein Maul, das traurige Kind steigt ein, das Monster schließt das Maul und das Kind ist verschwunden."

Was denkt Ihr Hund?
DER BUS IST BÖSE. ICH HABE ANGST!

Nun holen Sie ihr Kind wieder ab. Der „Monsterbus" kommt an, das Kind steigt aus, freut sich darüber, Sie und den Hund zu sehen.

Was denkt der Hund?
DER BUS IST DOCH NICHT BÖSE! ICH HABE KEINE ANGST!"

■ Kommandos in Spanisch, Deutsch und Englisch

Vor zwei Jahren wurde ein Schäferhund in unserer Perrera auf Fuerteventura gebracht. Sein Besitzer war verstorben, und die „lieben" Erben hatten sich dazu entschieden, den Hund bei uns im Tierheim abzugeben.

Der Hund war bei der Abgabe schon schlank, aber in unserem Tierheim verweigerte er völlig die Nahrung. Auch Putenbruststückchen und Dosenfutter ließ er stehen. Er trank zwar, aber sein Fressen verschmähte er komplett. Wir flogen ihn dann wirklich im letzten Moment nach Deutschland in eine Pflegestelle aus, denn dieser Hund wäre lieber verhungert, als weiterhin im Tierheim zu leben.

Schon am Flughafen fraß dieser Hund seiner Pflegemama und mir die Leckerchen wie wild aus der Hand. Natürlich wurde er in den nächsten Wochen fünfmal am Tag mit kleinen Mahlzeiten gefüttert, und man konnte wirklich zusehen, wie er wieder zu Kräften kam.

Auch stand dieser Schäferhund immer vor seinem Pflegefrauchen, so, als wartete er auf etwas. Wir wussten aber nicht so recht, was wir mit ihm anfangen sollten. Ich ermunterte dann das Pflegefrauchen, es doch einmal (beim nächsten Gassigang und anschließendem Freilauf auf einem eingezäunten Gelände) mit „VEN!!" zu probieren, und – tatsächlich! – der Schäferhund stand prompt neben seinem Pflegefrauchen und wedelte aufgeregt. Daraufhin versuchten wir alle Kommandos in Spanisch und – siehe da! - der Hund war bestens ausgebildet.

Auf den Kanaren leben auch viele Engländer, die natürlich ebenfalls Hunde haben. Daher sollten Sie ebenso die englischen Kommandos ausprobieren. Vielleicht lohnt sich ja die Mühe!

■ Übersicht – Kommandos in Deutsch und Spanisch

■ Deutsch	■ Spanisch	■ Aussprache
Aus!	Déjalo!	déchalo
Gehen wir! Geh!	Vamos!	bamos
Gut, sehr gut	Bien, muy bien.	bieen, mui bieen
Hier!	Aqui!	aki oder aaaki
Ja	Si	si
Komm!	Ven!	ben
Komm her!	Ven aqui!	ben aki
Nein!	No! (kurz ausgesprochen)	No!
Platz!	Héchate!	étschate
Sitz!	Sientate! (das „e" in sien..sprechen)	sieentate
Spring! Hopp!	Salta!	salta
Sei ruhig!	Calla!	Kaja
Such!	Busca	buska

■ Übersicht – Kommandos in Deutsch und Englisch

■ Deutsch	■ Englisch
Hier! komm!	Come!
Braver Hund!	Good dog!
Nein! Pfui! Aus!	No! Bad dog!
Fuß!	Heel!
Sitz!	Sit!
Platz!	Down!
Bring! Hol!	Fetch!
Bleib! Stopp!	Stay!
Aus! Gib!	Let loose! Give!
Gib Fuß!	Shake hands!
Voraus!	Go!

www.Bardino.de

Bellen, Knurren, Heulen – Die Sprache der Hunde

Die Sprache der Hunde ist ein weit gefächertes Thema, spannend und aufschlussreich genug, um damit ein ganzes Buch zu füllen. Um den Rahmen dieses Buch aber nicht zu sprengen, möchte ich hier nur kurz darauf eingehen.

Bellen

Ein Bardino ist ein hervorragender Wachhund. Wer einmal einen wachsamen Bardino mit seiner tiefen Stimme hat bellen hören, weiß, dass diese Hunde in der Regel äußerst selbstbewusst sind. Deshalb lassen sich Bardinos auch selten provozieren.

Hunden, die bellen, beißen nicht. Dies ist ein Ammemärchen, und Sie sollten dies auch nie auf die Probe stellen. Jedoch ist es richtig, dass ein Hund, der selbstsicher ist, eher selten bellt. Er hat es einfach nicht nötig zu bellen (er schlägt höchstens an, wenn jemand kommt, um darauf aufmerksam zu machen). Selbstsichere Hunde bellen tief, verbunden mit einem tiefen Knurren. Ein Hund dagegen, der unsicher ist, bellt häufiger. In unseren Augen wirkt er dadurch aggressiv, ist es in den meisten Fällen aber nicht (wenn man einmal die Angstaggressionen ausklammert).

Die so genannte Angstaggression ist also meist eine Auswirkung von Unsicherheit, zum Beispiel bei der Hundebegegnung: Ein selbstsicherer Hund geht souverän an anderen Hunden vorbei. Ein Hund dagegen, der unsicher ist, bellt und führt ein Höllenspektakel auf.

Wichtig: Hunde bellen unmittelbar vor einem Angriff nicht, auch nicht bei Nasenarbeit und Denkspielen und bei hoher Konzentration. Ferner bellen sie nicht bei einem imponierenden Auftritt gegenüber Artgenossen.

Wenn mehrere Hunde aufeinander treffen, wird meist jedoch erst einmal gebellt. Reines Gebell zeigt Aufregung und Spieleifer und ist – im Gegensatz zum Gebell mit Knurren und Zähnezeigen – nicht böse gemeint. Gerade in Hundeschulen, wo gut sozialisierte Hunde aufeinander treffen, ist das Bellen in der Regel eine Aufforderung zum Spiel.

Die häufigste Lautäußerung eines Hundes ist nun einmal das Bellen. Oft missverstehen wir das Bellen des Hundes, weil wir nicht auf die verschiedenen Nuancen achten. Der Hund bellt, um zu kommunizieren, vor allem auch mit uns Menschen.

■ **Beispiel:** Es klingelt, Ihr Hund rennt zur Tür und bellt. Er ruft in seiner Sprache „Alarm, da kommt einer!" Reagieren wir darauf ungehalten, weil uns das Gebelle stört, und brüllen wir den Hund an, so denkt sich der Hund: „Richtig gemacht, mein Mensch bellt mit!" Ich beruhige unsere Hundemeute oft mit einer ruhigen Frage: „Wer kann das nur sein?" Diesen Satz habe ich anfangs immer genutzt, wenn ich wusste, dass unsere Kinder klingelten. Die Hunde verknüpften bald damit: „Keine Gefahr, Frauchen weiß Bescheid und hat die Situation unter Kontrolle." Ein anderes Beispiel: Der Postbote kommt, begleitet vom aufgeregten Gebell Ihres Hundes, und geht gleich wieder (was nun einmal Postboten so tun). Der Hund folgert nun daraus, er habe mit dem Bellen richtig gehandelt, denn der Störenfried wurde erfolgreich verjagt. Noch intensiver empfindet es der Hund, wenn er jemanden anbellt und dieser Angst zeigt. Denn damit weiß der Hund, dass er mit seinem Bellen Angst hervorrufen kann.

Hunde kommunizieren untereinander, ebenso wie Wölfe, überwiegend über das Verhalten, Gerüche, ihre Mimik und verschiedenste Körpersignale. Das ist nun einmal ihre Sprache, auch uns Menschen gegenüber. Ich persönlich möchte Wachhunde halten. Daher dürfen meine Bardinos bellen. Stört es Sie aber, weil Sie vielleicht in einem Mehrfamilienwohnhaus wohnen, so sollten Sie anfangen, das Bellen Ihres Hundes zu ignorieren. Dieses Erziehungsschema kann durchaus erfolgreich sein.

Am meisten Sorgen macht uns aber das unerwünschte Bellen in Abwesenheit des Besitzers. In der Regel bellt der Hund aus reiner Trennungsangst oder Kontrollverlust (Kontrollverlust bedeutet, der Hund kann nicht alleine bleiben und „ruft" nach uns. Er ist unruhig und kann die Unruhe nur über seine Sprache, das Bellen, an uns weitergeben). Vielleicht bellt er auch, weil er Geräusche von draußen hört, und diese nicht ein- bzw. zuordnen kann. Es gibt Hunde, die bellen und jaulen immer wieder, wenn sie alleine sind, und das oft sehr zum Leidwesen der Nachbarn. In diesem Fall muss eine Lösung gefunden werden.

Bellt Ihr Hund nur gelegentlich, muss der Nachbar damit leben. Bellt der Hund jedoch über Stunden hinweg oder sogar den ganzen Tag lang, kann der Nachbar Ruhe verlangen. Sie können das Wort „RUHE!" mit Ihrem Hund als Befehl für „Hör auf zu bellen!" üben.

Eine befreundete Hundetrainerin rät, bei bellfreudigen Hunden die Hunde eher um- und abzulenken. Dazu gehören Übungen, durch die der Hund z. B. lernen soll, auf seinen Platz zu gehen oder etwas zu apportieren. Werden diese Übungen über einen längeren Zeitraum durchgeführt, wird der Hund früher oder später, je nach Intensität, entweder etwas apportieren oder eben auf seinen Platz gehen. Auch können Sie Ihre Nachbarn, Freunde usw. bitten, immer wieder zu abgesprochenen Zeiten zu klingeln, damit man das jeweils gewünschte Verhalten regelmäßig mit dem Hund üben kann.

Ein Hund, der sich mehr oder weniger lautstark meldet, möchte „nur" auf sich aufmerksam machen. Auch in diesem Fall wäre eine Bestrafung die gewünschte „Beachtung". Sperren Sie Ihren Hund niemals zur Strafe weg. Damit fördern Sie nur die Bellfreudigkeit eines Hundes und machen ihn womöglich auch übellaunig gegenüber Besuch. Bellt ein Hund, weil er sich einsam fühlt, so ist ihm dies nur in einem langwierigen Prozess und unter genauer Anleitung abzugewöhnen. Denn jeder Hund reagiert individuell auf das „Verlassen werden".

Keine Angst, Sie werden durch derartige Erziehungsmaßnahmen den Wachhund in Ihrem Bardino nicht verlieren. In dem Moment, in dem jemand ungefragt Ihr Grundstück oder Ihr Haus betritt und damit die Reviergrenze überschreitet, wird Ihr Bardino garantiert bellen. Es steckt ihm im Blut. Hunde riechen und hören so gut, dass sie Fremde sehr früh erkennen können. Das Bellen besteht meist aus einem sehr kurzen, schnellen, sich wiederholenden Kläffen. Dabei lassen Hunde fast nie die Augen von dem „Objekt", das sie anbellen. Ein Bardino mit normalem Instinkt wird stets sein Revier verteidigen. Dafür vergisst er jede noch so gute Erziehung!

Der eigene Hund macht keinen Lärm,
er bellt nur.
(Kurt Tucholsky, 1890-1935)

■ Knurren

Das Knurren wird von uns Menschen oft missverstanden und falsch über-setzt; folglich reagieren wir falsch auf den Knurrlaut. Wir denken meist, dass Knurren ein Zeichen der Aggression ist. Oft heißt das Knurren, dass der Hund Angst hat oder uns nicht vertraut. Knurrt ein Hund, will er zum Beispiel sagen „Verschwinde, du machst mir Angst! Und wenn du nicht gehst, bin ich bereit, mich zu verteidigen!"

Hunde untereinander können sich durch „normales" Knurren verständigen und sich aus dem Weg gehen. Dies gilt jedoch nicht mehr, wenn es sich um ein starkes und provozierendes Knurren gegenüber einem anderen Hund handelt. Hören Sie dieses Knurren, werden Sie keinen Zweifel an seiner Bedeutung haben, das geht durch und durch. Hier kann es zu einer Beißerei kommen.

▪ Heulen

Das Heulen ist bei Bardinos in der Regel äußerst selten zu hören, aber es kann durchaus „antrainiert" werden.

In meiner Familie haben inzwischen alle Hunde gelernt, auf Kommando zu heulen! Auslöser dazu war unser Husky Aslak, der – gezielt daraufhin trainiert war – nach einer bestimmten Lautansage von mir zu heulen. Aslak lehrte das Heulen auch unseren Mischling Benny und unseren Irischen Wolfshund Conner. Bevor Aslak starb, gab er es an unseren australischen Dingo-Mix „Dingo" weiter und dieser wiederum brachte es unseren Bardinos bei. Wenn wir das Haus verlassen, heulen also auch unsere Bardinos. Es ist für mich immer wieder schön, dies zu hören, denn für mich ist und bleibt es ein letzter Gruß meiner bereits verstorbenen Hunde.

Das Heulen stärkt den Zusammenhalt eines Rudels, d. h. in unserem Fall: Unser Rudel ist absolut intakt und passt aufeinander auf. Das Heulen ist ein Lautsignal zum Zusammenrufen, sei es aus Einsamkeit, aus Genuss, aus Ungeduld oder aus Unterwerfung oder auch aus vielen anderen Gründen. Aber wie bereits geschrieben, Bardinos heulen äußerst selten.

Als ich einen Bardino-Züchter einmal fragte, ob seine Bardinos auch heulten, lachte er nur und meinte, es gebe keine Wölfe auf den Kanaren. Somit sind unsere Bardinos wohl wirklich eine große Ausnahme.

Für das (Reiz-) Thema „Bellen, Knurren, Heulen" von Hunden, ob erwünscht oder unerwünscht, gibt es keine Patentlösung. Je nach Charakter, Temperament und Lebensumständen muss dieses Thema auch bei Ihrem Hund absolut individuell angegangen werden.

Ein bellender Hund ist oft nützlicher
als ein schlafender Löwe.
(Washington Irving, 1783-1859)

■ Über Futter, Füttern und Verdauen

Es gibt heute für Hunde jeden Alters viele verschiedene Futtersorten. Sie können alles im Handel erwerben, von der Welpenaufzuchtnahrung über Diätfutter bis hin zu Allergiefutter. Die Auswahl ist wirklich reichhaltig und wächst ständig.

Ich persönlich halte nichts von reiner Nassfutterfütterung (Dosenfutter) und empfehle Trockenfutter. Die Tierschutzvereine auf den Kanaren füttern in der Regel Trockenfutter. Auch wird Ihnen der Vermittler Ihres Hundes meist ein Hundefutter vorschlagen, das von den Hunden aus dem Süden gut vertragen wird.

Achten Sie bitte darauf, dass Sie ein Futter ohne Lock- und Konservierungsmittel kaufen. Bitte keine Billigware!

■ **Wichtig:** Füttern Sie Ihren Hund niemals mit rohem Schweinefleisch! Die Aujeszkysche Krankheit könnte so übertragen werden. Dies ist eine weltweit verbreitete anzeigepflichtige Virusinfektion, wobei das Schwein Hauptwirt und Virusreservoir ist. Beim Hund verläuft Morbus Aujeszky stets innerhalb von 1 bis 3 Tagen tödlich. Heilmittel gibt es keine. Der einzige wirksame Schutz vor dem Virus ist, dem Hund kein rohes Schweinefleisch (auch keine Schlachtabfälle oder Fleisch unbekannter Herkunft) zu verabreichen.

Es ist natürlich klar, dass der Mensch und der Hund unterschiedliche Nahrung brauchen. Hunde sind Fleisch fressende Jäger und wir Menschen sind Allesfresser. Gibt es kein Fleisch, wird der Hund das fressen, was er bekommt.

Hunde sind so genannte Konkurrenzfresser. Dies bedeutet, der Hund muss alles fressen und zwar rasch. Von Geburt an muss sich jeder Welpe an der Zitze der Mutter gegen seine Geschwister durchsetzen.

In der Natur frisst der Hund Fleisch und alle Körperteile des Beutetiers mit Fell, Knochen und Darminhalt. Rohes Fleisch braucht er aber eigentlich nicht.

Ihr Hund muss keine Abwechslung bei Trockenfutter haben. Jede Umstellung des Trockenfutters sollte langsam über mehrere Tage hinweg durchgeführt werden. Bei abruptem Wechsel kann es zu Durchfallerkrankungen kommen. Fügen Sie daher immer zu dem bisherigen Futter etwas von dem neuen Futter hinzu, und erhöhen Sie dann den Anteil des neuen Futters, bis es ausschließlich gefüttert werden kann.

Es spricht nichts dagegen, Ihrem Hund von Zeit zu Zeit (vorausgesetzt er verträgt es) mal etwas Dosenfutter unter das Trockenfutter zu mischen oder auch mal Hüttenkäse oder gekochte Nudeln, Reis oder Kartoffeln (natürlich alles ohne Salz!) zu füttern.

Da wir selbst seit vielen Jahren Vegetarier sind, hatten wir uns vor Jahren die Frage gestellt, ob man Hunde nicht rein vegetarisch ernähren kann. Mit einem ausgewogenen vegetarischen Futter kann der Hund überleben, jedoch nehmen viele Hunde dieses Futter nicht so gerne an. Ich habe einige Jahre lang ein bestimmtes vegetarisches Futter gefüttert, und es ging unseren Hunden nie besser. Leider kann man dieses Futter in Deutschland nicht mehr beziehen. Es gibt jedoch zahlreiche andere vegetarische Futtersorten, wie Yarrah Organic Pet Food, Ami Dog etc. Besonders empfehlenswert ist vegetarisches Futter für Hunde, die empfindlich auf Fleisch reagieren, und teilweise für Hunde mit Magen-, Darm-, Haut- oder Fellproblemen. Auch bei älteren Hunden kommt es zum Einsatz.

Vegetarisches Futter ist oft Biofutter. Rein pflanzliche und die hypoallergene Hundefuttersorten werden z. B. oft bei Futtermittelallergien verwendet.

Tiere, die unter einer Futtermittelallergie leiden, haben eine angeborene Neigung, Antikörper gegen Futterbestandteile (Allergene) zu bilden. Dies sind in aller Regel Kohlenhydrate und/oder Proteine (Eiweiß) im Futter. Die Antikörperbildung (Sensibilisierung) führt bei erneutem Kontakt mit dem gleichen Allergen zu einer Überempfindlichkeitsreaktion (Allergie), was sich dann in einer Hauterkrankung und/oder Magen-Darm-Erkrankung zeigt. Der Körper des Hundes muss also erst ein paar Mal Kontakt mit einem Allergen gehabt haben, bevor er sich sensibilisiert und dann erst bei einem weiteren Kontakt in Form von einer Allergie reagiert. Daher haben häufig die betroffenen Hunde das Futter vorher schon jahrelang gefressen und keine Probleme gezeigt, bis sie plötzlich damit anfangen (Sensibilisierung). Man denke auch hier an uns Menschen, wenn man jahrelange keine Probleme hat und dann „auf einmal" Heuschnupfen bekommt.

Die häufigsten Symptome einer Futtermitttelallergie sind wechselhafte Kot-konsistenz (mal weicher, dann wieder festerer Kot) oder generell eher weicher Kot, teils kann der Kot schleimig überzogen sein. Manche Hunde haben häufiger Blähungen oder setzen einfach sehr häufig Kot ab.

Die „Hautsymptome" sind meist noch undeutlicher. Hier fällt in aller Regel nur ein schwacher bis starker Juckreiz auf, der vor allem. an den unteren Glied-maßen (viele Hunde belecken sich ausgiebig die Pfoten), dem Bauch und/oder im Schnauzenbereich auftritt. Auch bei Hunden mit immer wiederkehrenden Außenohrentzündungen kann die Ursache in einer Futtermittelallergie liegen. Treten später Hautreaktionen auf, kommt diese vom Belecken, Knabbern und Kratzen.

Um herauszufinden, ob der Hund wirklich an einer Futtermittelallergie leidet, muss eine Ausschlussdiät durchgeführt werden. Es werden hier auch Blut-tests (so genannte serologische Tests) angeboten, aber das Geld kann man sich wirklich sparen, denn sie haben nicht viel Aussagekraft.

Der einfache Wechsel von einem Futter zu einem anderen bringt meist nichts, da die Hersteller von handelsüblichem Fertigfutter nicht verpflichtet sind, die genaue Zusammensetzung zu deklarieren.

Bei der Ausschlussdiät darf der Hund 8 Wochen nichts anderes als diese Diät und Wasser bekommen, keine Leckerlis, Aufbaupasten, Vitaminpräparate, Kauknochen, Reste vom Tisch oder ähnliches.

Das Diätfutter besteht aus nur einer Eiweiß- (z. B. Fisch, Pferdefleisch, aber auch weiße Bohnen, Tofu oder Linsen) und einer Kohlenhydratquelle (z.B. Kartoffeln, Reis, Hirse, Quinoa). Ganz wichtig bei der Auswahl der Speisen ist, dass der Hund diese vorher noch nie gegessen hat! Also unbedingt die alten Futtermittel-verpackungen vorher überprüfen!

Diese Mahlzeiten können dann in jeder Art und Weise gegart werden, es darf allerdings keine Butter oder Margarine und keine Gewürze außer Salz verwendet werden. Auf einen Teil Eiweiß kommen 3 Teile Kohlenhydrate (bei den vegetarischen Eiweißquellen sollten Sie im Verhältnis 1:1 mischen). Als Leckerlis können Sie dann Teile des Diätfutters geben.

■ Wichtig ist, dass sich jeder an die strikte Fütterung hält. Denken Sie daran, wenn Ihr Hund in diesem Zeitraum auch nur einmal von der Diät abweicht und etwas anderes frisst, egal woher er es bekommt, fangen Sie wieder bei Tag 1 an!

Nach den 8 Wochen wird dann ein so genannter Provokationstest gemacht, dieser dient der Absicherung der Diagnose einer Futtermittelallergie. Hier wird für einen Zeitraum von max. 10 Tagen wieder das alte Futter mit all seinen Leckerlis gegeben. Verschwinden bzw. vermindern sich alle Symptome unter der Ausschlussdiät und treten die Symptome unter dem Provokationstest wieder auf, ist Ihr Hund ein Futtermittelallergiker!

Um jetzt genau zu wissen, auf was der Hund allergisch reagiert, füttert man wieder die Ausschlussdiät bis alle Symptome verschwunden sind. Danach verabreicht man zu dem Ausschlussdiät-Futter in 10-tägigem Abstand einzelne neue Komponenten dazu (z. B. 10 Tage Huhn, dann Reis, dann 10 Tage Weizennudeln, 10 Tage Rindfleisch etc).

Bei einem Bestandteil, der wieder Symptome auslöst, kann man davon ausgehen, dass er von Ihrem Hund nicht vertragen wird. Dieser Bestandteil muss zukünftig weggelassen werden. Aber Vorsicht: Es treten häufig Allergien gegen mehrere Bestandteile auf. Also unbedingt weiter machen, auch wenn man etwas gefunden hat.

■ Also: Nachdem sich Symptome zeigen, diesen Bestandteil weglassen und wieder reine Ausschlussdiät füttern, bis alle Symptome verschwunden sind. Erst dann weiter fortfahren.

Auf diese Weise erstellt man sich eine „Positiv-/Negativ-Liste", die nachher dazu dienen kann, vielleicht ein anderes geeignetes Fertigfutter zu finden.

Zugegeben, das ist ein langer und mühseliger Weg, aber es ist die einzige Möglichkeit, ein sicheres Ergebnis zu bekommen. Leider sind die Allergien bei den Hund wie auch bei uns Menschen immer stärker im Kommen und es leiden inzwischen sehr viel mehr Hunde unter einer Futtermittelallergie, als man denkt!

Bei empfindlichem Hundemagen oder bei einer Futterumstellung empfehle ich die dreimonatige Gabe von Olewo (1 Esslöffel jeden Tag ins Futter). Olewo ist ein biologisch hochwirksames Beifutter aus aufgearbeiteten, getrockneten Möhren. Es enthält zudem viele Vitamine, Mineralien und Spurenelemente.

Olewo soll auch die Abwehrkräfte gegenüber Infektionen steigern und das Immunsystem stärken. Außerdem soll es sich positiv auf die Stoffwechselregulierung von Leber und Schilddrüse auswirken und die Blutbildung fördern. (auch Olewo „Rote Beete" kann ich in diesem Zusammenhang nur wärmstens empfehlen). Lassen Sie einen Esslöffel Olewo-Karotten in einer Tasse warmen Wassers und etwas Keimöl (z.B. Sonnenblumenöl) ca. 10 Minuten aufweichen und mischen Sie dieses anschließend dem Grundfutter bei. Besonders zu empfehlen ist Olewo bei der Aufzucht von Welpen und Junghunden. Natürlich ist es auch möglich, gekochte Möhren mit einem Löffel Keimöl zu füttern.

■ **Empfehlung:** Füttern Sie gutes Trockenfutter, ausgewogen, mit nicht zu hohem Eiweißanteil (unter 25 %), hygienisch einwandfrei, 30 Minuten eingeweicht. Wenn Ihr Hund das Futter aber lieber nicht eingeweicht fressen möchte, umso besser. Seine Zähne und seine Zahnmuskulatur werden es ihm danken. Füttern Sie 2 x täglich, zu regelmäßigen Uhrzeiten, die eingehalten werden sollten, da sich der Verdauungstrakt auf die Uhrzeiten einstellt und die Magensäureproduktion schon vor der Fütterungszeit beginnt (Magenübersäuerung - Erbrechen). Nach dem Fressen braucht der Hund RUHE zum Verdauen!

Sorgen Sie dafür, dass immer frisches, zimmerwarmes Wasser bereitsteht. Aber: Nach Anstrengungen darf man den Hund nicht mit einer vollen Wasserschüssel allein lassen! Er kann ebenfalls durch die Aufnahme von zu viel Wasser eine Magendrehung bekommen. Sie sollten Ihrem Hund keine riesigen Mengen auf einmal geben, sondern das Wasser immer fraktionieren.

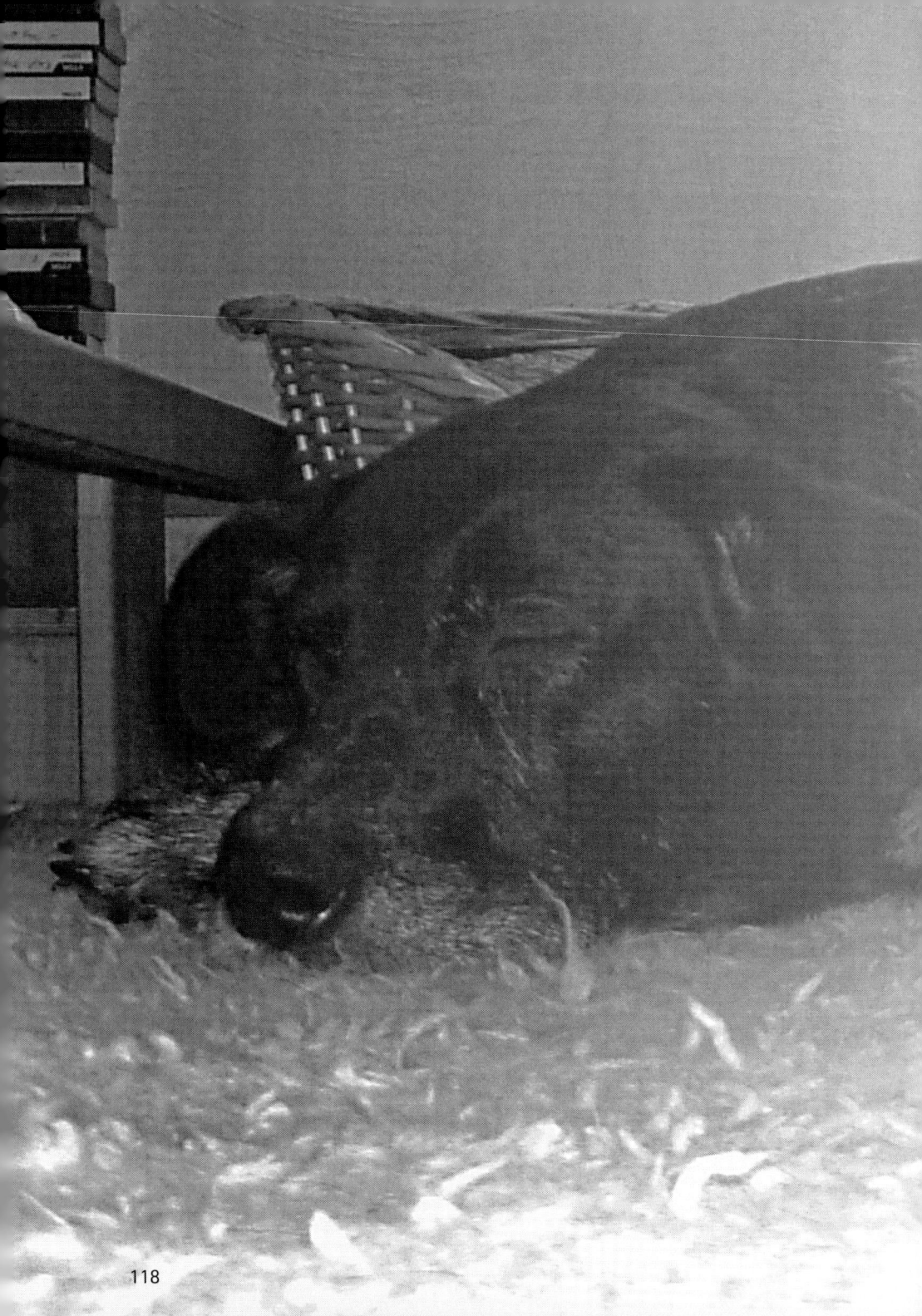

■ Magendrehung

Einen wichtigen Punkt möchte ich noch erwähnen, und zwar die Magendrehung. Hier sind vor allem großwüchsige Hunderassen betroffen. Es kommt in aller Regel nach einer Aufblähung des Magens zu einer Drehung des Magens um die eigene Achse.

Die genaue Ursache ist bisher noch nicht bekannt. Als begünstigende Faktoren werden die Körperform bei tiefbrüstigen Hunden diskutiert sowie die lose Aufhängung des Magens bei Hunden, das Abschlucken von Luft bei hastigem Essen und Trinken, Stress etc. Keine Theorie kann die Magendrehung aber in jedem Fall erklären, vermutlich handelt es sich um ein multifaktorielles Geschehen. In seltenen Fällen kann sich sogar ein leerer Magen aufgasen und drehen.

In den meisten Fällen erfolgt die Aufgasung des Magens aber nach einer reichlichen Fütterung und/oder Stress. Durch die Magendrehung (hierbei ist immer der Grad der Drehung ausschlaggebend) kommt es häufig zu einem vollständigen Verschluss der Speiseröhre und des Magenausgangs, wodurch der Magen noch stärker aufgast. Dadurch entsteht akute Lebensgefahr! Der stark aufgegaste Magen drückt auf die Blutgefäße und führt ohne Behandlung zu einem Schock mit Todesfolge. Die Atmung wird durch den massiven Druck auf das Zwerchfell behindert, die gedrehten Organe und der gesamte Organismus werden nicht mehr ausreichend mit Sauerstoff versorgt. Die betroffenen Hunde sind anfangs meist unruhig, speicheln und versuchen erfolglos zu erbrechen. Auffällig ist die zunehmende Aufblähung des vorderen Bauchraumes. Je länger der Zustand anhält, umso schlechter wird die Herz-Kreislaufsituation, was man an den bläulich werdenden Schleimhäuten und einem schwachen, schnellen Puls erkennen kann.

Eine Magendrehung ist immer ein hochbrisanter Notfall und es muss SOFORT ein Tierarzt aufgesucht werden. Hierbei kann die sich buchstäblich in Sekunden verschlechternde Kreislaufsituation den Erfolg der Operation in Frage stellen.

Die einzige Vorbeugung einer Magendrehung ist: Füttern Sie lieber 2 x täglich und dann auch nicht zu große Mengen, gönnen Sie Ihrem Hund nach dem Essen Ruhe, muten Sie ihm keinen Stress zu. Diese Maßnahmen können zwar nicht garantieren, dass nicht doch mal eine Magendrehung auftritt (s. o. Ursachen), aber sie minimieren doch das Risiko.

Wichtig: Schokolade ist für Hunde gefährlich!

Etwa fünf 100-g-Tafeln Vollmilchschokolade, zwei 100-g-Tafeln Zartbitter-schokolade, zwei Drittel von einer 10-g-Tafel Kochschokolade oder zwei große gehäufte Löffel Kakaopulver können einen 10-kg schweren Hund töten. Schokolade enthält den Stoff Theobromin. Dieser kann bei Hunden zu schweren Herzproblemen und Krämpfen führen. Die Symptome der Vergiftung hängen von der Menge der gefressenen Schokolade ab.

Die Hunde können bereits 1–4 Stunden nach der Aufnahme die entsprechenden Symptome zeigen. Dazu gehören Erbrechen und Durchfall, Erregung, Schwäche, Zittern, Muskelkrämpfe, sehr schnelle Atmung und plötzlichen Tod durch Herzversagen. Hunde, die an Epilepsie leiden, können schon auf geringe Dosen von Theobromin mit Anfällen reagieren. Auch Hundeschokolade enthält den genannten Stoff in geringeren Mengen. Weiße Schokolade enthält im Übrigen fast kein Theobromin.

Folgende Legensmittel sind neben Schokolade für Hunde giftig: Pilze, Zwiebeln, Kaffee, Zitrusöl, Trauben, Rosinen, Macadamianüsse, einige Avoca-dosorten und verschimmelte Lebensmittel. Kleinere Mengen können, müssen aber noch keine Vergiftungserscheinungen auslösen. Es kommt immer auch auf die gefressene Menge, das Körpergewicht Ihres Hundes und die Hunde-rasse an.

In der Natur kommen einige für den Hund giftige Pflanzen, wie z. B. Mai-glöckchen, Eisenhut, Orleander, Buchsbaum, Weisse Nieswurz, Goldregen, Fingerhut, Seidelbast, Lebensbaum, Wunderbaum (Riziuns) und Eibe vor. Die meisten dieser Pflanzen lösen bei einem Hund starke Magen- und Darmrei-zungen mit Durchfall und Erbrechen aus. In größeren Mengen gefressen, kann es zum Tod führen. Auch bei folgenden Zimmerpflanzen sollten Sie aufpassen: Weihnachtsstern, Calla, Christusdorn, Efeu, Wunderstrauch, Dieffenbachie, Philodendron, Topfazalee, Primeln, Dieffenbachia, Korallenkirsche und Koral-lenbäumchen.

■ **Vorsicht:** Das Fressen von Kautabak und Zigaretten kann auch zu einer Ver-giftung beim Hund führen!

Bei Vergiftungserscheinungen SOFORT zum Tierarzt!

■ Körperbau und Beweglichkeit

Der Bardino auténtico ist eine urtypische Rasse und weist daher selten Erkrankungen wie z. B. Hüftgelenksdysplasie auf. Aber, wie bei allem im Leben, bestätigen auch hier die Ausnahmen die Regel. Eine Hüftgelenksdysplasie, kurz HD genannt, ist eine erblich bedingte Fehlbildung des Hüftgelenks, bei der die Hüftgelenkspfanne und der Oberschenkelkopf in ihrer Form nicht optimal aufeinander passen.

Bei Bardino-Mischlingen treffen das Erbgut und das Wesen von zwei oder sogar mehreren Rassen aufeinander. Dies sollte man nicht außer Acht lassen. Von einem Mischling ist daher nicht zu erwarten, dass er dem von mir beschriebenen Bardino auténtico in Aussehen, Wesen, Veranlagung etc. genau gleicht. Dies gilt auch für die rassetypischen Erkrankungen der „Nicht-Bardinos".

Eine vorbeugende Maßnahme für den Bewegungsapparat (Wirbelsäule und Hüfte) ist es zum Beispiel, den Welpen das Treppensteigen zu ersparen, d. h. möglichst lange die Treppen hinauf- und herunterzutragen. Denn Wirbelsäule und Hüfte werden bei allen Sprüngen über Hindernisse oder ins Auto, beim Treppensteigen oder Hochspringen stark belastet.

Wie jeder Sportler muss auch der Hund durch regelmäßiges, aufbauendes Training zu seinen Leistungen geführt werden. Gerade bei Hunden aus dem Süden, welche meistens an einer kurzen Kette gehalten wurden, muss die Muskulatur langsam aufgebaut werden.

Im Alter kann es bei allen größeren Hunderassen zu Erkrankungen von Knie, Hüfte und Rücken kommen. Eine dieser Erkrankungen – das Cauda-Equina-Kompressionssyndrom – möchte ich hier kurz vorstellen.

Von Natur aus ist der Körperbau des Hundes zum kurzfristigen Laufen und Jagen ausgelegt, deshalb hat jede Überbeanspruchung des Bewegungsapparates starke Abnutzungserscheinungen zur Folge, zum Beispiel das Cauda-Equina-Kompressionssyndrom (Pferdeschweifsyndrom; Cauda Equina = hintere Aufzweigung des Rückenmarks in verschiedene Nerven, u. a. Ischias-Nerv, Schwanznerven; Compression = Druck, Quetschung, Syndrom = med. Krankheitsbild)

Das Cauda-Equina-Kompressionssyndrom ist keine Krankheit, sondern ein Krankheitsbild. Es ist ein Sammelbegriff für eine Kompression (Einengung) der Nervenwurzel, welche Cauda Equina (pferdeschweifförmige Nervenfaserbündel am Ende des Rückenmarks) bilden. Es kommt hier zur Verengung des Wirbelkanals im Bereich des Kreuzbeines oder zu einer Instabilität am Übergang der Lendenwirbelsäule zum Kreuzbein.

Die Ursachen dafür können angeboren (Übergangswirbel, knöcherne Verengung des Wirbelkanals im Kreuzbein), entwicklungsbedingt (es können sich kleine Knorpel-Knochenstückchen an den Wirbelendplatten des Kreuzbeins ablösen, s. g. OCD der Sakrumwirbelendplatte) oder – wie in der Mehrzahl der Fälle - erworben sein (chronische oder akute Bandscheibenvorfälle). Die Instabilität im Bereich des letzten Lendenwirbels und des Kreuzbeins kann zu einer Verdickung der Bindegewebestrukturen (Bänder, Gelenkkapseln der kleinen Wirbelgelenke) führen, außerdem können auch Traumafolgen (Frakturen, Luxationen) oder Tumore Ursachen sein.

Das am häufigsten beobachtete Symptom ist ein Schmerz in diesem Bereich, vor allem beim Aufstehen, Springen und Treppensteigen. Bei den meisten Hunden drückt sich das durch ein beschwerliches Aufstehen aus, oder die Hunde springen nicht mehr so gern ins Auto wie früher, d. h. sie warten und suchen die Unterstützung des Herrchens bzw. Frauchens. Häufig haben die Hunde auch Schmerzen beim Schwanzanheben, sie tragen ihn also nicht mehr so ganz weit hoch angehoben. Das Ganze kann bis zur Automutilation (Selbstverstümmlung) der Rute gehen. Es kann zu gestörten Bewegungsabläufen in der Hinterhand (Ataxie) bis hin zu Lähmungserscheinungen der Hinterläufe oder der Rute kommen sowie auch zu Harn- und/oder Kotabsatzstörungen führen.

Die Symptome entwickeln sich in der Regel langsam, und es ist immer zu empfehlen, bei einer der oben genannten Krankheitserscheinungen den Tierarzt aufzusuchen. Dieser kann dann anhand des Vorberichts, der Symptome und einer neurologischen Untersuchung eine Verdachtsdiagnose stellen. Zur weiterführenden Untersuchung können dann Röntgenaufnahmen (so genannte Stressaufnahmen), Myelographie (Kontrastmitteluntersuchungen des Wirbelkanals), CT oder MRT vorgenommen werden.

Je nach Entwicklungsstadium der Erkrankung wird eine konservative Therapie, Bewegungseinschränkung und der Einsatz von Antiphlogistika (Medikamente gegen Schmerz und Entzündung) bzw. Quaddelung des betroffenen Bereiches oder eine Operation vorgenommen.

Bei der Operation wird in der Regel das Dach des letzten Lendenwirbels und des ersten Kreuzbeinsegments entfernt, ggf. wird dieser Bereich nach vorne oder hinten erweitert. Somit wird der Druck auf das Rückenmark gelindert. Im weiteren Verlauf bildet sich hier eine bindegewebige Platte, die das Rückenmark schützt. Je länger und schwerer das Erscheinungsbild des Cauda-Equina-Kompressionssyndroms ist, desto schlechter die Prognose.

■ Alter und Gesundheit

Altern ist keine Krankheit, sondern eine Lebensphase. Manch gut gepflegter, aber vor allem gut und gesund ernährter Hund bleibt fit bis zu seinem Lebensende.

Der Bardino hat eine verhältnismäßig hohe Lebenserwartung. Ich kenne viele Bardinos, die älter als 15 Jahre alt sind und sich bester Gesundheit erfreuen. Einer der ältesten Bardinos wurde nachweislich 18 Jahre alt! Er war ein anerkannter Zuchtrüde auf den kanarischen Inseln.

Hunde können ein Leben lang lernen! Auch ein älterer Hund ist sehr wohl im Stande, noch Verhaltensregeln zu erlernen.

Ich halte ein Hundegeschirr nicht nur für junge Hunde für sinnvoll, sondern ebenso auch für alte Hunde. Bei einem Geschirr verteilt sich der Druck auf den gesamten Brustbereich bzw. auf den gesamten Körper und wird somit nicht nur auf den empfindlichen Halsbereich übertragen. Vor allem bei Hunden, die bereits Probleme mit der Wirbelsäule haben, sollte ein Geschirr verwendet werden.

Denken Sie auf jeden Fall an eine weiche Unterlage zum Ruhen. Gerade bei einem älteren Hund ist es wichtig, dass er weich liegen kann.

Für sehr empfehlenswert, auch für junge Bardinos, halte ich eine so genannte Hundebar, d. h. ein Gestell für den Trink- und Futternapf, das auf die für den Hund passende Höhe eingestellt werden kann. Die Hundebar sollte bei großen Rassen von Anfang an benutzt werden. Denn dann muss sich der Hund nicht mehr bücken, um an sein Fressen zu kommen. Dies schont die Knochen und Gelenke.

Eine große Hilfe wird Ihnen und Ihrem älteren Hund eine so genannte „Einstiegshilfe" für das Auto sein. Dank dieser Hundeleiter wird es für Ihren Hund leichter, in das Auto zu gelangen.

Leider ist es so, dass ein Hundeleben in der Regel wesentlich kürzer als ein Menschenleben ist. Jedoch hat das Leben mit einem alten Hund auch viele Vorteile. Ich persönlich liebe alte Hunde und schätze sehr deren Gelassenheit, Ruhe und Ausgeglichenheit.

Es gibt einem so viel und ist eine äußerst dankbare Aufgabe, einem alten Hund das Leben noch einmal schön zu machen, das Erlebte vergessen zu lassen und zuzuschauen, wie dieser Hund aufblüht und auf seine alten Tage noch mal echte Lebensfreude zeigt.

Auch wenn Sie vielleicht nur wenige gemeinsame Jahre mit Ihrem alten Hund haben, so wird die Beziehung umso intensiver sein, denn die Dankbarkeit dieser alten Hunde ist enorm. Meist haben sie alle schon die Hölle gesehen, und wenn sie nun spüren, dass Sie geliebt werden, geben sie ein Vielfaches zurück.

Gott wünscht, dass wir den Tieren beistehen,
wenn sie der Hilfe bedürfen.
Ein jedes Wesen hat gleiches Recht auf Schutz.
(Franziskus von Assisi, 1181/82-1226)

www.Bardino.de

Lebensläufe und Schicksale ...

◼ Das Alter des Hundes

Wenn Sie einen „Secondhand-Hund" bekommen, lässt sich das Alter oft schwer schätzen, besonders bei Hunden aus dem Ausland. Der Volksmund sagt: Ein Hundejahr sind sieben Menschenjahre. Dies ist eine eher grobe Vereinfachung, aber leicht zu merken. Ab dem zweiten Hundejahr zählt dann ein Hundejahr wie vier Menschenjahre. Auch geht man davon aus, dass die zweite Lebenshälfte bei großen und sehr großen Hunderassen (über 30 kg) zwischen dem 5. und 7. Lebensjahr beginnt, bei mittleren und kleinen Rassen (weniger als 25 kg) zwischen dem 7. und 9. Lebensjahr.

Hat ein Hund das 11. Lebensjahr überschritten, ist eine allgemeine Aussage nicht mehr möglich, denn - wie auch bei uns Menschen - manche Hunde bleiben länger „jung" und manche werden schneller „alt".

◼ Hundealter in Menschenjahren
Die körperliche Verfassung eines Welpen von 3 Monaten entspricht einem Kind von 3 bis 9 Jahren. Ein 6 Monate alter Hund entspricht einem Kind von 10 bis 14 Jahren. Das 1. Hundejahr entspricht 15 bis 23 Menschenjahren, danach geht es weniger rasant weiter:

▦ 2. Hundejahr = 24 - 27 Menschenjahre

▦ 3. Hundejahr = 28 - 31 Menschenjahre

▦ 4. Hundejahr = 32 - 35 Menschenjahre

▦ 5. Hundejahr = 36 - 39 Menschenjahre

▦ 6. Hundejahr = 40 - 43 Menschenjahre

▦ 7. Hundejahr = 44 - 47 Menschenjahre

▦ 8. Hundejahr = 48 - 51 Menschenjahre

▦ 9. Hundejahr = 52 - 55 Menschenjahre

▦ 10. Hundejahr = 56 - 59 Menschenjahre

▦ 11. Hundejahr = 60 - 62 Menschenjahre

▦ 12. Hundejahr = 63 - 66 Menschenjahre

▦ 13. Hundejahr = 67 - 72 Menschenjahre

▦ 14. Hundejahr = 73 - 79 Menschenjahre

▦ 15. Hundejahr = 80 - 89 Menschenjahre

▦ 16. Hundejahr = 90-100 Menschenjahre

■ Einmal Bardino, immer Bardino – eigene Erfahrungen

Meine Erfahrungen mit Hunden erstrecken sich über mein ganzes Leben. Bereits seit 1984 bin ich aktiv tätig im Tierschutz (heute besonders im Auslandstierschutz) und noch länger stolzer Besitzer von Hunden verschiedener Rassen. Ich habe unzählige Berührungspunkte mit Hunden und konnte viel über sie lernen. Besonders schnell habe ich mein Herz an die Bardinos verloren.

Ich kenne die Rasse der Bardinos seit vielen Jahren und bin u. a. der Tierhilfe Fuerteventura e.V. bei der Vermittlung von Hunden aktiv behilflich, wobei mir natürlich „meine" Bardinos besonders am Herzen liegen!

Wer einmal einen Bardino in der Sonne liegen sah, wird den Anblick nie vergessen: Das Fell des „Bardino auténtico" schimmert bei einem bestimmten Einfallswinkel des Sonnenlichts wirklich grünlich! Ich war richtig euphorisch, als ich vor vielen Jahren meinen ersten „grünen Hund" bei einem Schäfer sah.

Als ich vor Jahren die Homepage www.bardino.de ins Leben rief, war es weltweit die erste Bardino-Website. Inzwischen haben verschiedene Kanarentierschützer meine Recherchen und Erfahrungen mit den Bardinos übernommen. Auch wurden meine Informationen über Bardinos in Büchern, Tierschutzinfos und Infozeitschriften veröffentlicht. Inzwischen lernte ich viele Bardino-Experten und Bardinofreunde aus dem Ausland persönlich kennen. Einige von ihnen, obwohl auf den Kanaren lebend, besitzen nur unzureichende Kenntnisse über Bardinos und können sich nicht intensiver damit beschäftigen, weil sie z. B. neben dem Bardino noch den Presa Canario, den Mastin Español und andere Hunderassen züchten. Meiner Meinung nach kann man in diesem Fall nicht mehr von einer gewissenhaften Zucht sprechen.

Soll ein Bardino des Urtyps auf den Kanaren abgegeben werden (seinen Besitzer wechseln), so landet er meist nicht im Tierheim, sondern wird direkt unter den Züchtern, Ziegenbauern und Bardinoliebhabern weitervermittelt.

Aus Unkenntnis der eigentlichen Rasse ist „Bardino" mittlerweile ein „Sammelbegriff" für die gestromten Hunde der Kanaren geworden, d. h. es wird einfach jeder Hund, nur weil er gestromt ist, als „Bardino" oder „Bardino-Mix" bezeichnet. Die Optik ist zwar häufig anders als beim Urtyp, dem reinrassigen Bardino (Bardino auténtico), aber das Wesen bleibt und setzt sich in der Regel auch bei Mischlingen dieser Rasse positiv durch! Besonders die typische Bardino-Stromung ist in der Regel bei Bardino-Mischlingen gut wieder zu erkennen.

Wir in unserer Familie sind allesamt überzeugte Bardino-Anhänger. Neben dem Bardino mag ich noch alle großen Hunderassen, ganz besonders auch den Presa Canario. Mein Herz schlägt ebenfalls für Doggen, Irische Wolfshunde, Molosser, Schäferhunde, nordische Hunde und alle so genannten „Anlagehunde".

Zu unserer Familie gehören:

- **„Ascan"**
  Alaskan Malamute-Husky-Schäferhund-Mischling (aus Mallorca)

- **"Lobo"**
  Bardino auténtico (aus Fuerteventura)

- **„Gina"**
  Belgischer Schäferhund-Siberian Husky-Mischling (aus Deutschland)

- **„Icu"**
  Bardino auténtico (aus Fuerteventura)

- **„Johnny Walker"**
  (Bardino)-Deutsche Dogge-Kanarische Doggen Mischling (aus Fuerteventura)

- **„Kimba"**
  Bardino-Mischling (aus Fuerteventura)

- **"Oso"**
  Kanarische Dogge (aus Fuerteventura)

- **"Donna"**
  Bardino auténtico (aus Fuerteventura)

Obwohl wir neben unseren Bardino auténticos auch Bardino-Mischlinge haben, hat sich der Bardino in den Mischlingen deutlich durchgesetzt, nicht nur im Aussehen, sondern auch im Wesen. Es ist schon faszinierend: Egal, wo der Bardino einmal mitmischte und sich fortpflanzte, irgendwo taucht immer wieder die typischen „Stromung" auf.

Besonders gern mag ich Schäferhund-Bardino-Mischlinge, da diese einfach sehr intelligent und gelehrig sind. Sie haben meist von beiden Rassen die positiven Eigenschaften abbekommen und eignen sich oft sehr gut für den Hundesport und die Rettungshundestaffel. Seitdem ich einmal einen wunderbaren Schäferhund-Bardino-Mischling namens Hinock vermittelt habe, bin ich leidenschaftlicher Fan dieser Mischlinge. Wie sagte mal ein glücklicher Hundebesitzer zu mir: „Dieser Hund ist die glückliche Vereinigung von zwei herausragenden Rassen!" Und so sehe ich es auch.

Ich kenne vier Bardinos, die aktive Spürhunde sind. Allerdings wurde damit leider auch teilweise der Jagdtrieb geweckt bzw. gefördert. Die Motivation für geeignete Spürhunde wird durch geschickte Ausnutzung des Spiel- und Beutetriebes gefördert. Grundsätzlich kann jeder Hund das lernen. Jedoch gilt, je früher umso besser. Meist wird mit der Fährtenarbeit im Alter von 2 bis 3 Monaten begonnen. Die mir bekannten Bardinos erlernten dies nicht im Welpenalter, sondern nach dem 2. Lebensjahr!

Unsere Familie schätzt die Bardinos und ihr Wesen sehr. Obwohl sie in ganz unterschiedlichem Alter zu uns kamen, waren sie absolut kinderlieb und sehr anhänglich, blieben von Anfang an problemlos allein mit unseren anderen Hunden und lernten schnell. Diese Hunde sind sehr dankbar und würden alles für uns tun. Wir sind uns ihrer Liebe gewiss und geben ihnen das zurück, was sie in der Zeit ihres vorherigen Lebens auf der Straße oder an der Kette vermissen mussten.

Besonders hervorheben möchte ich die Kinderliebe unserer Bardinos. Sie lieben in der Regel Kinder über alles. Auch andere, fremde Kinder sind bei uns immer herzlich willkommen und das Nervenkostüm unserer Hunde (inklusive Pflegehunde) wurde durch den Kinderlärm oft strapaziert. Aber das stecken diese meist ruhigen und ausgeglichenen Hunde locker weg.

Unsere Söhne haben vor einigen Jahren vor laufender Kamera am Frankfurter Flughafen einen fremden Bardino-Mischling aus der Flugbox geholt. Natürlich stand ich daneben und wusste, dass die Hündin ein absolutes Seelchen ist. Dem Kameramann ist Angst und Bange geworden. Er rechnete wohl mit allem, nur nicht mit unseren beherzten „Tierschutzkindern", welche noch nie schlechte Erfahrungen mit Tieren gemacht haben und sich instinktiv immer richtig im Umgang mit unseren und fremden Hunden verhalten haben. Man könnte sagen, es wurde ihnen sozusagen bereits in die Wiege gelegt. Darauf sind wir sehr stolz. Sie haben ein ganz anderes „Feeling" für Tiere, als Kinder, die nicht mit Hunden aufgewachsen sind. Schon am Tag ihrer Geburt hatten wir 3 Hunde, 2 Katzen und 2 Schafe (nein, wir haben bzw. hatten keinen Bauernhof, unsere Schafe waren Findelkinder oder Tierschutzfälle).

Ich habe noch keinen unserer Bardinos in irgendeiner Form böse gegenüber Kindern oder seiner eigenen Familie erlebt. Anmerkung: Kein Tier ist grundlos aggressiv!

Oft sieht man, „wie der Hund denkt". Der ganze Kopf wird in Falten gelegt, und es wird „nachgedacht". Auch das ist für mich immer schön anzusehen. Ganz besonders dann, wenn der Hund überlegt, ob er bei dem ganzen Lärm im Kinderzimmer lieber zu einem ruhigeren Ort wechseln oder doch bleiben soll. Die Entscheidung ist immer schwer, denn sie wollen eben immer alles „hüten", und wenn sie alles im Sichtfeld haben, dann ist es für sie genau richtig!

Es lässt sich oft beobachten, dass Bardinos ihre Pfoten und Krallen wie Hände zum Greifen benutzen. Der Bardino zieht mit seinen Krallen den Gegenstand zu sich hin. Meine Bardina holt sich zum Beispiel mit auseinander gespreizten Krallen meine Hand zu sich, damit ich sie streichele. Ich spüre bei der Berührung, dem Heranziehen meiner Hand, deutlich die Kraft, die in der Pfote steckt.

Was auch sehr schön zu beobachten ist: Bardinos spielen mit Kindern nicht so wild, wie sie mit Erwachsenen spielen würden. Sie nehmen Rücksicht. Es ist, als ob diese Hunde einen ganz sensiblen „Kern" hätten.

www.Bardino.de

Einer unserer Bardino-Mischlinge lebt gemeinsam mit unserer Schäferhund-Husky-Hündin nebenan bei meinen Eltern. Da unsere Grundstücke nur ein Zaun mit einer Gartentür trennt, laufen unsere Hunde immer zwischen den Häusern hin und her. Im Grunde wissen wir nie so richtig, wie viele Hunde gerade auf welchem Grundstück oder in welchem Haus sind. Da hilft nur rufen und durchzählen.

Einige der älteren Fuerteventura-Bardinos wurden zu älteren Menschen vermittelt. Eines dieser älteren Ehepaare berichtete mir, dass sie begeistert von ihrem „Hundeopa" sind. Der Bardino läuft problemlos ohne Zug an der Leine und ist sehr folgsam. Er hat eben auch seine Sturm- und Drangzeit hinter sich. Ich bevorzuge eigentlich auch ältere und ausgeglichene Hunde.

Bardinos sind Fremden gegenüber oft misstrauisch, aber genau das ist es, was mich an diesen Hunden so fasziniert. Unser Grundstück und Haus wird tadellos von ihnen bewacht. Wir haben einmal beobachtet, wie ein Fremder auf unser ehemaliges Grundstück kam, es zwar betreten konnte, aber nicht mehr ohne unser Einverständnis wieder verlassen durfte. Das hat unseren Hunden keiner beigebracht. Wir sind davon überzeugt, es steckt in dieser Rasse.

Auch bei einem Spaziergang spüren die Hunde sofort, ob der entgegen-kommende Mensch einem selbst „Unwohlsein" oder gar „Angst" einflößt. Es ist, als ob man mit dem Hund in irgendeiner Form verbunden ist und er die see-lischen Regungen bemerkt. Besonders bei Betrunkenen und fremden Männern bei abendlichen Spaziergängen merkt man das „wache Wesen" dieser Hunde. Ich bin sowieso kein ängstlicher Typ, doch seitdem wir Bardinos haben, habe ich keinerlei Bedenken mehr, dass jemand in unser Haus einbricht. Welcher Einbrecher möchte schon die Bekanntschaft mit bis zu acht großen Hunden machen? Und wenn, dann sicherlich nur einmal. Gerade nachts sind die Hunde „hellwach".

Wer einmal das tiefe Knurren der Bardinos gehört hat, wird es nicht so schnell vergessen. Auch fixieren wachsame Bardinos Menschen und andere Hunde. Dieses Fixieren habe ich nur bei mir fremden Bardinos auf Fincas erlebt, und ich muss sagen, es hat mich besonders fasziniert.

Es hört sich fast so an, als sei der Bardino ein Hund, der nicht erzogen werden müsse, der alles von allein kann. DEM IST NICHT SO! Der Bardino braucht, genau wie alle anderen Hunde, eine konsequente Hundeerziehung. Ich warne jeden zu glauben, der Bardino sei ein Hund, den man nach ein paar Tagen von der Leine lassen kann. Lassen Sie sich nicht täuschen, es sind ganz normale Hunde, vielleicht mit einer Spur mehr Einfühlungsvermögen und sehr gelehrig. Aber bevor ein Hund nicht seinen Namen kennt und keine Grundkommandos wie PFUI!, SITZ!, PLATZ!, BLEIB!, HIER!, FUSS! befolgt, sollte jeder Hund an der Leine bleiben!

Einen Hund in einem Wald oder an einer befahrenen Straße frei laufen zu lassen, halte ich persönlich für grob fahrlässig. Es sei denn, man hat den Hund so gut erzogen, dass man ihn aus jeder, aber auch wirklich jeder Gefahrensituation abrufen kann.

Berücksichtigen Sie auch die jeweilige Tagesform Ihres Hundes. Nicht jeder Tag ist gleich.

Sehr oft höre ich: „Ich konnte meinen Bardino nach einer Woche von der Leine lassen, tadellos blieb er bei mir!" Aber auch hier gilt: Das wahre Gesicht eines Hundes zeigt sich immer erst nach 6 Wochen – ganz gleich, ob er aus einem Tierheim, einer Pflegefamilie oder vom Züchter kommt. Dies ist bei ALLEN Hunden so! Es nützt nichts, wenn Sie den Hund frei laufen lassen können, der Hund aber nicht auf bestimmte Kommandos hört! Das kurze Glück in Deutschland kann durch einen Autounfall schnell beendet sein. Daher: Bitte erst erziehen, dann von der Leine lassen und täglich konsequent mindestens 2 x 15 Minuten mit dem Hund üben. Beenden Sie die Übung immer mit einem positiven Erlebnis für den Hund.

Bardinos neigen im Alter gern zu etwas Übergewicht, wenn sie nicht ausreichend Auslauf bekommen. Im Alter sind sie eher „gemütliche" Hunde und lieben ihren Platz auf dem Sofa oft allzu sehr. Dies heißt aber nicht, dass ein Bardino nicht in jedem Alter gefordert werden will. Im Gegenteil, er eignet sich auch gut als Reitbegleithund.

Ich rate bei Bardinos immer zur Kastration, es sei denn, sie werden wie auf den Kanaren als reinrassige Bardinos zur Zucht eingesetzt. Unkastrierte Hunde können recht starrsinnig sein und trachten danach, ihren Dickkopf doch ab und zu durchzusetzen. Das Leben mit einem kastrierten Hund ist einfach leichter als mit einem unkastrierten Tier.

Bardinos bekommen relativ früh eine so genannte „weiße Schnauze". Lassen Sie sich also bitte nicht davon täuschen. Meist sind die Hunde jünger als sie aussehen! Ganz faszinierend finde ich auch, dass Bardinos dazu neigen, an anderen Hunden zu „knabbern". Dies ist etwas äußerst Liebes von Seiten der Bardinos. Manche Bardinos machen das auch schon einmal bei ihren Menschen, die sich dann wirklich „angeknabbert" oder „zärtlich gezwickt" fühlen. Sehen Sie es als einen Liebesbeweis an; denn etwas anderes ist es nicht!

Oftmals wird mir von neuen Bardinobesitzern in Deutschland berichtet, es habe den Anschein, als haarten die Bardinos mehr als andere Hunde. Dem ist im Grunde genommen nicht so. Dass der Hund zuerst einmal einen beträchtlichen Teil seines Haarkleides verliert, ist natürlich logisch. Denn schließlich kommt der Hund aus dem meist wärmeren Ausland, wird hier gebadet und gebürstet, der Fellwechsel beginnt. Außerdem wird der Hund auch auf ein anderes, hochwertigeres Futtermittel umgestellt – lauter neue Umstände, auf die er sich erst einmal einstellen muss.

Unsere Hunde werden mit dem Haar-Ex (elastischer Metallstriegel) gekämmt, was ich sehr empfehlen kann. Früher gab es auch schon einmal Probleme mit dem Fell der Hunde, aber inzwischen haben wir ein wirklich gutes Futter für unsere Hunde entdeckt. Übrigens, ein gelegentlicher Schuss „Distelöl" über das Trockenfutter ist ideal für das Fell der Hunde. Auch die 1 x wöchentliche Gabe von einem Eigelb (nicht das Eiweiß geben!) ist optimal für das Hundefell.

Meine Familie und ich empfinden die Bardinos als sehr angenehme Zeitgenossen und wir würden uns immer und immer wieder für diese Rasse entscheiden – ohne mit der Wimper zu zucken. Wir sind davon überzeugt: Sich für einen „Bardino" oder einen Bardino-Mischling zu entscheiden, ist immer eine gute Wahl …

… denn diese Rasse ist einfach nur von ganzem Herzen empfehlenswert.

■ Der erste Tag mit einem Bardino

In der Regel werden Sie Ihren Traumhund aus dem Süden nach einer Vorkontrolle durch einen Tierschutzverein der kanarischen Inseln übernehmen.

Für den Fall, dass Sie Ihr neues Familienmitglied abholen, legen Sie in Ihr Auto eine Decke, worauf der Hund während des Transports zu Ihnen nach Hause liegen kann. Diese Decke legen Sie bitte dann in Ihrem Heim dort hin, wo der Hund in Zukunft seinen Platz haben soll.

Wenn Sie ein Hartschalenkörbchen für Ihren Hund gekauft haben, so ist das optimal. Sie können die Decke in das Körbchen legen. Der Hund weiß dann sofort, wohin er gehört. Die erste Nacht sollten Sie in der Nähe des Hundes verbringen, damit er Ihnen nicht in Ihr Schlafzimmer folgt, falls Sie das nicht wünschen.

Entscheiden Sie selbst, ob Sie es Ihrem Hund zumuten möchten, in der ersten Nacht schon zu baden. Ich persönlich habe die Hunde immer in der ersten Nacht gebadet. Somit fing am nächsten Tag ein komplett neues Leben für einen sauberen Hund an.

Geben Sie Ihrem neuen Hausgenossen am ersten Abend auf keinen Fall einen Kauknochen aus Büffelhaut. Der Hund könnte diesen Kauknochen, der meist der erste seines Lebens ist, in einer Nacht herunternagen und dadurch am Tag „hundemüde" sein. Die Folge wäre ein so genannter „Jetlag", d. h., Ihr Hund würde am Tag schlafen und nachts aktiv sein.

Gehen Sie die ersten Tage gelassen an. Keine Besuche von Freunden und Verwandten. Ihr neuer Hund sollte erst einmal seine Familie kennen lernen. Auch muss Ihr Hund erst einmal herausfinden, wen er „hüten" darf.
Füttern Sie am besten zweimal am Tag kleine Portionen Trockenfutter und stellen Sie stets genug Wasser in Reichweite des Hundes auf.

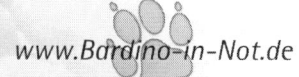

Last but not least: Ein Stück Identität, der Name des Hundes. Meist hört Ihr neuer Liebling nicht auf den Namen, mit dem er oder sie eingereist ist. Die Tierschutzvereine müssen die Tiere irgendwie auseinander halten und geben ihnen Namen. Natürlich werden die Tiere auch entsprechend angesprochen, aber meist erkennt der Hund sich selbst nicht unter dem Namen. Daher haben Sie freie Bahn und können Ihren Hund so nennen, wie Sie möchten.

Fragen Sie einfach Ihren Tiervermittler, ob der Hund bereits auf seinen Namen hört. Wenn ja, können Sie dem Hund natürlich immer noch einen anderen, individuellen Namen geben. Eine Luna kann in eine Lara oder Mara usw. umbenannt werden. Ihrer Phantasie sind aber keine Grenzen gesetzt, und es gibt bereits viele Bücher mit Hundenamen.

■ **Bedenken Sie bitte:** Geben Sie Ihrem Hund einen Namen, der auch wirklich zu ihm passt, und wenn es noch ein Welpe ist, vergessen Sie nicht, dass aus dem kleinen Tollpatsch einmal ein stattlicher Hund werden wird.

Tiere sind die besten Freunde.
Sie stellen keine Frage und kritisieren nicht.
(Samuel Langhorne Clemens, „Mark Twain", 1835-1910)

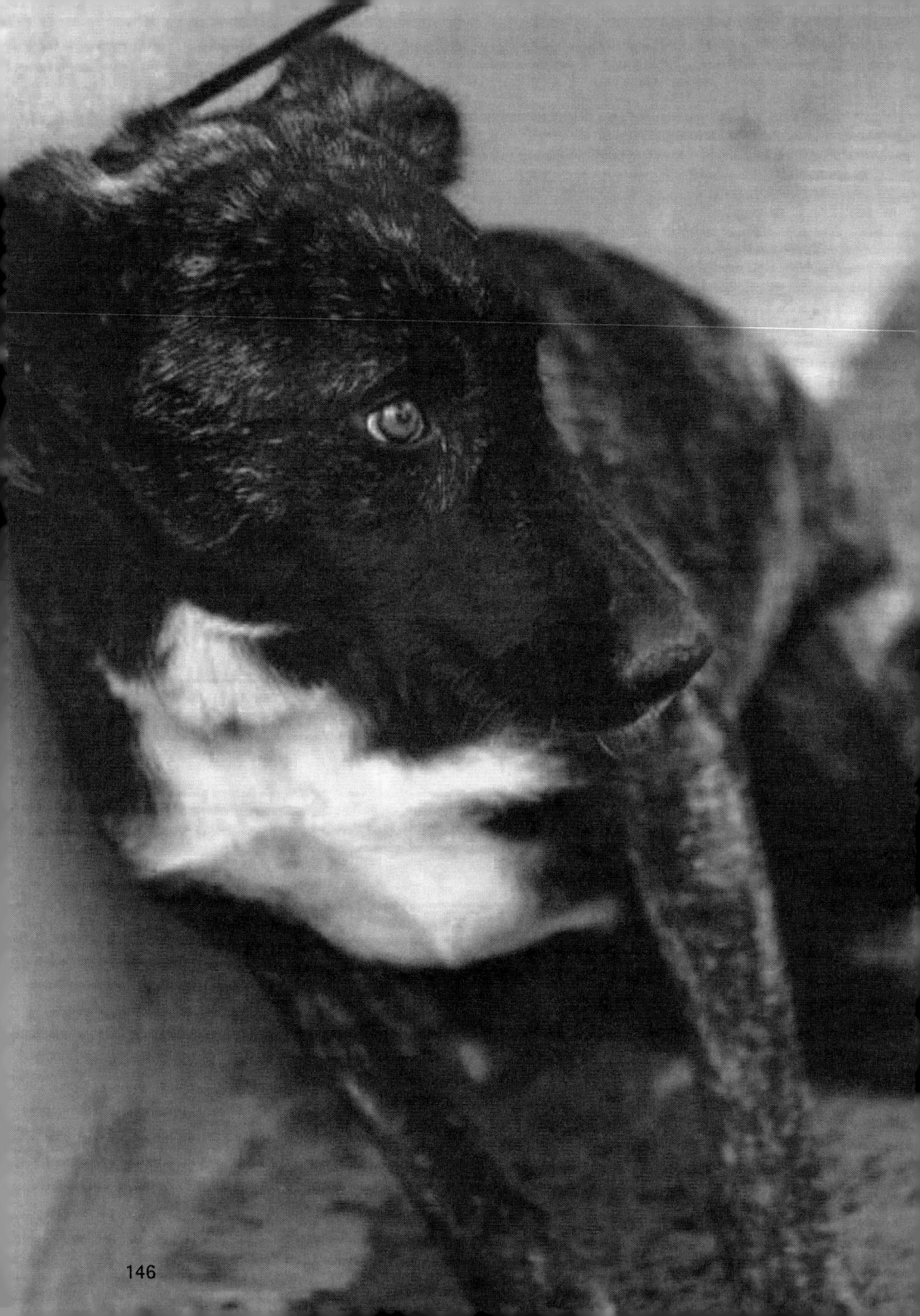

■ Nur Mut – Umgang mit einem ängstlichen Bardino

Fällt Ihre Wahl auf einen ängstlichen Bardino, so bedenken Sie bitte, dass Sie einen Rohdiamanten bekommen werden, an dem schon mal ein Schliff angesetzt wurde, aber mit eher dürftigem Erfolg. Sie setzen also einen erneuten Versuch an.

Ein Bardinobesitzer sagte einmal über seinen Hund: „Ein ängstlicher Hund ist ein Hund ohne Seele. Wenn irgendwann in seinen Augen das Feuer auflodert, ist die Seele angekommen. Erst dann beginnt der Hund wirklich zu leben!" Diesen Satz habe ich mir immer vor Augen gehalten, wenn wir wieder einen scheuen oder ängstlichen Hund zur Pflege hatten.

Ängstliche Hunde müssen erst lernen, uns Menschen (wieder) zu vertrauen. Oft haben sie es noch nie zuvor getan, z. B. wenn sie bislang keinerlei Kontakt zu uns hatten. Das Spektrum der Angst ist unendlich. Panikattacken sind so vielschichtig. Da gibt es den Hund, der panische Angst vor Menschen hat oder vor Traktoren, vor Pferden, vor Autos, vor Kindern, vor Fahrrädern, vor Gewittern usw.

Es ist natürlich schwer, mit einem ängstlichen Hund in Kontakt zu treten, denn ängstliche Hunde verstehen unsere Körpersprache meist falsch. Wenn Sie mit einem ängstlichen Hund Kontakt aufnehmen möchten, schauen Sie in eine andere Richtung, schauen Sie ihm nie in die Augen, machen Sie sich klein, gehen Sie in die Hocke. Wenden Sie dem Hund Ihre Seite zu. Wenn sie sich bewegen, gehen Sie entspannt und nicht direkt auf ihn zu. Gehen Sie besser um ihn herum. Verhalten Sie sich so, als interessierten Sie sich für etwas ganz anderes. Täuschen Sie z. B. Interesse für etwas vor, das auf dem Boden liegt.

Halten Sie vielleicht ein Leckerli mit der Hand vom Körper weg direkt in die Richtung des Hundes. Sprechen ist okay, wenn Sie leise und ruhig sprechen. Irgendwann wird der Hund neugierig.

Da Sie ja auch alles andere als bedrohlich wirken, wird sich der Hund schließlich das Leckerli vorsichtig holen. Bewegen Sie sich nicht, greifen Sie nicht nach dem Hund, streicheln sie ihn auch nicht. Sagen Sie zum Hund in einer ruhigen Tonlage „Fein, gut gemacht, alles okay!" Ziehen Sie sich dann langsam zurück. Wiederholen Sie diese Übung so lange, bis sich der Hund wirklich an Sie gewöhnt hat, und versuchen Sie erst dann, ihn zu streicheln.

Ursache für das ängstliche Verhalten sind häufig Angst einflössende Situationen, die diese Hunde in ihrer Prägephase bzw. der Sozialisierungsphase durchlebt haben. In der Regel sind diese Hunde in keiner Weise auf das vorbereitet, was sie in unserer reizüberfluteten Welt erwartet. Deshalb ist es auch so wichtig, einen Welpen so früh wie möglich mit den verschiedenen Alltagssituationen wie Busfahrt, Zugfahrt, Gassigang usw. vertraut zu machen. So hat der Hund die Möglichkeit, sich an die spontane Begegnung mit fremden Menschen zu gewöhnen und die Fülle der bei uns üblichen Umweltreize kennen zu lernen. Wenn Ihr Hund schon älter ist, so sollten Sie diesen Gewöhnungsprozess auch langsam angehen, Schritt für Schritt.

Gehen Sie mit einem ängstlichen Hund in den ersten Tagen immer den gleichen Weg, damit der Hund nicht zu vielen Umweltreizen auf einmal ausgesetzt wird und sich allmählich daran gewöhnt, Gassi zu gehen. Ein Hundegeschirr ist bei ängstlichen Hunden stets zu empfehlen. – Eine doppelte Sicherung mit Geschirr und Halsband ist allerdings die beste und sicherste Wahl!

Mag es auch noch so gut gemeint sein: Sie verstärken nur die Angst Ihres Vierbeiners, wenn Sie versuchen, Ihren Hund in einer Angstsituation z. B. durch Streicheln zu beruhigen. Der Hund denkt „Mein Mensch hat auch Angst. Also ist es richtig, dass ich Angst habe!" Reagieren Sie souverän auch in einer Situation, die Ihrem Hund Angst einflößt. Sagen Sie mit fester Stimme „Alles okay!" und verhalten Sie sich so, als sei nichts passiert.

■ **Beispiel:** Sie werfen in einem ausgelassenen Ballspiel aus Versehen den Ball gegen eine Vase, die Vase geht zu Bruch. Der Hund erschreckt. Spielen Sie einfach weiter, und zwar so, als ob nichts passiert ist. Der Hund registriert „Mein Mensch verhält sich normal, es ist nichts Schlimmes passiert." Die Scherben kehren Sie dann in Ruhe weg, wenn der Hund den Vorfall schon wieder vergessen hat oder nicht mehr im Raum ist.

Zeigt Ihr Hund Angst, bleiben Sie immer ruhig, keine hektischen Bewegungen machen, nicht streicheln (mag es auch noch so schwer fallen) und den Hund auch nicht auf den Arm nehmen. Sucht der Hund allerdings Ihre Nähe, lassen Sie es zu. Wenn der Hund sich hinter Ihnen versteckt, lassen Sie auch das zu. Aber streicheln Sie den Hund auch dann nicht. Verlassen Sie ruhig und gelassen den Ort, an dem der Hund Angst zeigt. Im Zweifelsfall den Angstauslöser entfernen, beispielsweise den Staubsauger oder den anderen Hund.
Das Wichtigste ist aber in jedem Fall: Ruhe bewahren!

Für die meisten ängstlichen Hunde sind Schlafplätze mit so genanntem „Höhleneffekt" zu empfehlen. Diese Schlafplätze vermitteln dem ängstlichen Hund anscheinend eine besondere Sicherheit. Dies kann eine Hundebox sein oder ein großer Karton mit einer kuscheligen Decke, aber auch ein offen stehender Kleiderschrank, in dem sich der Hund verstecken kann. Manche Hunde suchen sich solche Plätze aber nur, wenn sie Zuflucht suchen. So hat der Hund, beispielsweise bei Angst vor Gewittern, meist mehrere Ruheplätze.

Viele Bardinos bevorzugen Liegeplätze an einer zentralen Stelle innerhalb des Hauses. Denn von dort aus können sie alles im Blick behalten, was ihnen wichtig ist – von der Haustür bis zum Wohnbereich. Auch bevorzugen sie deutlich erhöhte Liegestellen, auf denen sie „thronen" können und alles unter Kontrolle haben.

Natürlich, das Leben mit einem scheuen oder ängstlichen Hund ist anders, wir müssen mehr auf die Bedürfnisse des Hundes eingehen. Aber gerade diese Hunde, die meist schon die Hölle gesehen und erlebt haben, geben uns irgendwann so viel zurück. Nennen wir es „bedingungslose Liebe aus tief wurzelnder Dankbarkeit".

Es gibt in der Geschichte mehr Beispiele
für die Treue von Hunden
als für die Treue von Freunden.
(Alexander Pope, 1688-1744)

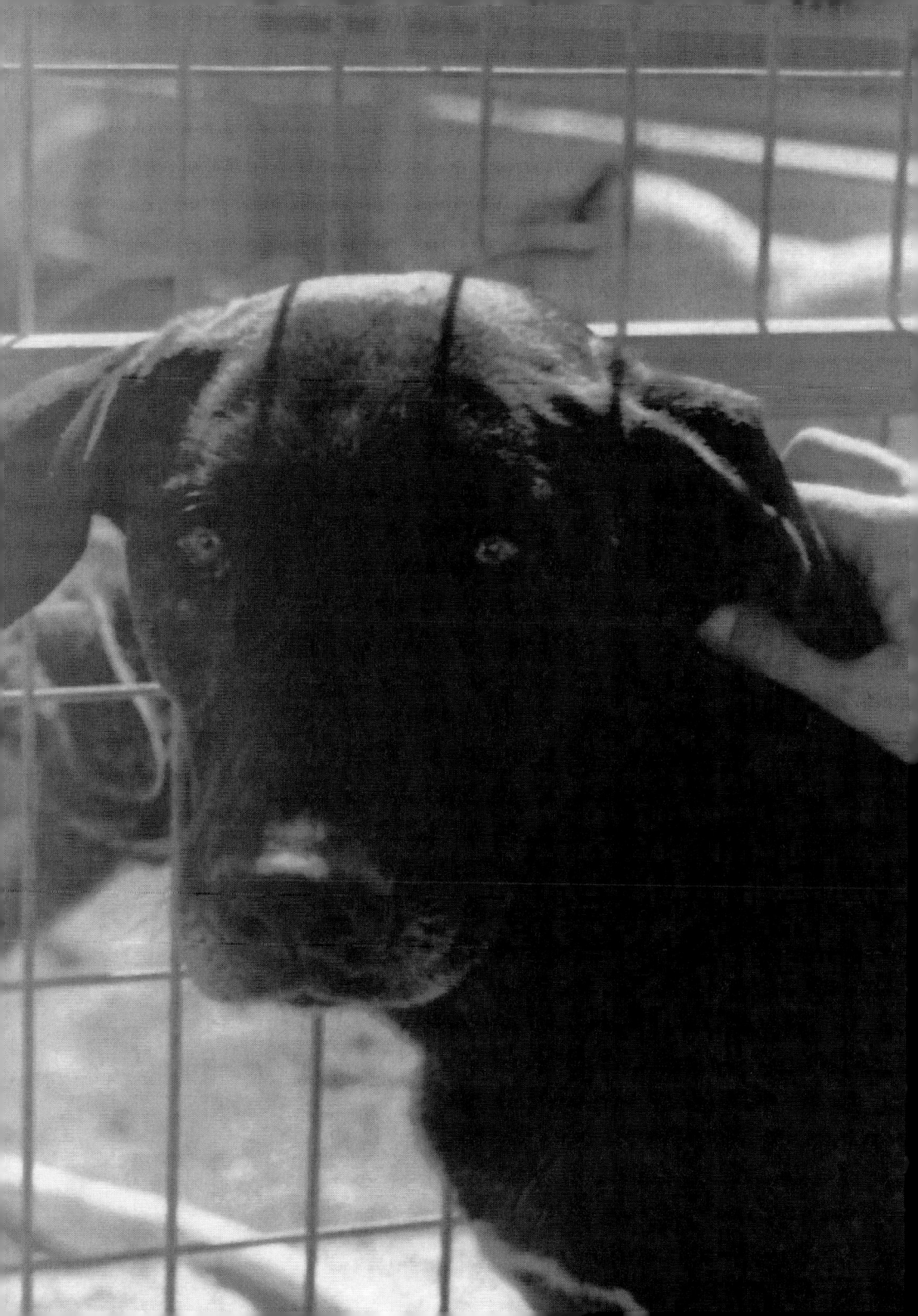

■ Wenn Ihr Bardino in die Jahre kommt

Wer kennt das nicht, irgendwann wurde aus unserem aufgeweckten Junghund ein Senior. Man ist entsetzt und denkt „Um Himmelswillen, was kommt denn nun auf uns zu?"

Bedenken Sie, Altern ist keine Krankheit, es ist ein natürlicher Prozess, der schon mit dem Tag der Geburt beginnt.

Es ist allgemein bekannt, dass kleine Hunde eine höhere Lebenserwartung haben als die größeren Hunderassen. Man sagt auch, Mischlinge haben eine höhere Lebenserwartung als Rassehunde. Neben diesen Richtwerten beeinflussen individuelle Faktoren (Genetik, Ernährung, Lebens- und Haltungsbeding-ungen, Krankheitsanfälligkeit) das Altern unserer Hunde. Mit regelmäßigen Gesundheitskontrollen bei Ihrem Tierarzt und einer ausgewogenen Ernährung kann den Alterskrankheiten entgegengewirkt werden.

Zur tierärztlichen Vorsorgeuntersuchung gehören unter anderem die Prüfung der Blutwerte und eine Urinprobe, ebenso wie die Untersuchung der Zähne. Wie die Menschen ergrauen auch die Hunde. Das Bindegewebe lässt nach, der Körperbau wird breiter, die Schneidezähne nutzen sich ab (Zahnprobleme zeigen sich oft durch schlechten Geruch aus dem Mund), das Fell wird etwas stumpfer, der Hund wird generell ruhiger. Er schläft mehr, spielt nicht mehr so oft. Das Schlaf- und Ruhebedürfnis des Hundes ist gesteigert. Er liegt jetzt gerne mal länger in der Sonne, schätzt die Wärme mehr und geht dem Regen und der Kälte, soweit er kann, aus dem Weg. Arthrose und Rheuma kennen auch alte Hunde. Die Sehkraft lässt nach, meist merkt der Hundebesitzer es nicht, denn der Hund verlässt sich immer mehr auf die noch vorhandenen anderen Sinne. Trübe Augen können ein Hinweis für den Grauen Star sein.

Auch das Hörvermögen lässt oft im Alter nach. Hier kann man schon bei dem jugendlichen Bardino fürs Alter vorbeugen. Erziehen Sie Ihren Bardino stets mit Hör- und Sichtzeichen. Sollten Ihr Bardino nicht als Junghund zu Ihnen gekommen sein, so können Sie dies auch noch mit einem alten Bardino erarbeiten. Auch alte Bardinos können noch etwas dazulernen.

Manchen Hunden schmerzen im Alter, genau wie uns Menschen, die Knochen. Wenn sie plötzlich Probleme mit dem Aufstehen haben oder nicht mehr so gern springen, besteht der Verdacht auf Arthrose. Daher lassen Sie bei Auffälligkeiten, wie z. B. bei Veränderungen im Verhalten, stets eine gründliche Untersuchung bei Ihrem Tierarzt durchführen. Bei Arthrose hat sich beispielsweise das homöopathische Mittel Zeel bewährt. Es gibt natürlich viele Dinge, die Ihrem alten Bardino das Leben erleichtern. Ein Hundephysiotherapeut (Krankengymnast für Hunde) kann Ihrem Hund sicher viel Gutes tun. Auch Tellington Touch kann die Altersleiden lindern, ebenso auch Homöopathie und bei psychischen Beschwerden Bachblüten.

Ein alter Hund wird meistens durch den verlangsamten Stoffwechsel etwas dicker. Er verbraucht weniger Energie. Um Stoffwechselerkrankungen entgegenzusteuern ist es wichtig, die Ernährung dem reifen Alter anzupassen. Neben vielen guten Diät-Futtersorten oder Senior-Futtersorten, die den Bedarf an Vitaminen und Mineralien decken, haben Sie auch die Möglichkeit einen Teil des Futters durch gekochten Reis, Nudeln oder Kartoffeln (alles ohne Salz kochen!) zu ersetzen. Auch gekochtes Gemüse, aufgeweichte Trockenkarotten (beispielsweise Olewo), Hüttenkäse und Magerquark können den Speiseplan Ihres Hundes ergänzen!

Hat Ihr Hund keinen Herzfehler, keine Atembeschwerden oder Erkrankung des Knochen- und Skelettsystems, überfordern Sie Ihren alten Hund nicht, aber lassen Sie ihn auch nicht „einrosten". Ein gutes Mittelmaß ist stets die beste Lösung.

Der alte Hund hat, genau wie alte Menschen, ein zunehmendes Bedürfnis, sich zurückzuziehen und alles etwas langsamer angehen zu lassen. Er wird etwas ruhiger und gelassener, jedoch auch meist etwas sturer. Ich nenne es liebevoll „Altersstarrsinn". In der Tat ist es oft so, dass man das, was man bei einem jungen Hund niemals tolerieren würde, bei meinen alten Hunden schon einmal durchgehen lässt.

Die Toleranzschwelle einiger Hunde sinkt mit zunehmendem Alter. Der Kinderlärm kann dem Hund zu viel werden. Bieten Sie Ihrem Hund ausreichend Rückzugsmöglichkeiten. Erklären Sie auch Ihren Kindern, dass der alte Hund mehr Ruhe braucht.

Hundebesitzer sehen es oft gern, wenn der alte Hund das Erlernte an einen Welpen weitergibt. Sie gehen davon aus, dass dem alten Hund ein Welpe grundsätzlich gut tut; der Welpe soll gewissermaßen als Jungbrunnen für den alten Hund dienen. Dies trifft auch manchmal zu, aber genauso gut kann der alte Hund auch genervt auf die ständige Gunstbezeugung und Aufdringlichkeit des Welpen reagieren. Hier lässt sich keine pauschale Aussage treffen. Es kommt wirklich immer auf Ihren Hund an. Besuchen Sie so genannte Hundewiesen. Beobachten Sie Ihren alten Hund im Umgang mit Junghunden. Laden Sie jemanden mit einem Welpen zu sich nach Hause ein.
■ **Wichtig:** Versetzen Sie sich stets in die Lage Ihres Hundes. Versuchen Sie Dinge mit den Augen Ihres Hundes zu sehen.

Ein alter Hund sollte besser häufiger, dafür jedoch kürzer ausgeführt werden. Hat man allerdings – so wie wir zu Hause – mehrere Hunde unterschiedlichen Alters, wird der alte Hund meist mitgehen wollen, wenn sein „Rudel" Gassi geht. Hier können Sie einfach zwischendurch Pausen einlegen. Unsere jungen Hunde spielen und toben dann auf der Wiese und die alten Hunde ruhen sich auf der Wiese aus oder beschäftigen sich – seltsamerweise – mit dem Ausrupfen von Grasbüscheln (ohne das Gras zu fressen).

Irgendwann werden auch diese Spaziergänge dem alten Hund zu viel. Dann ziehen es die alten Hunde oft vor, zu Hause zu bleiben. Ich habe es stets so gehalten, zunächst eine sehr kleine Runde mit dem ganzen Rudel zu gehen, dann den alten Hund nach Hause zu bringen, um anschließend wieder eine größere Runde mit den jüngeren Hunden zu machen. Somit waren die Bedürfnisse von allen Hunden erfüllt und unsere alten Hunde fühlten sich nicht „außen vor". Damit Ihr alter Hund auch geistig nicht „einrostet", halten Sie ihn mit Anregungen fit. Verstecken Sie ihm z. B. ein Leckerchen oder das Bällchen und lassen Sie ihn suchen. Alte Hunde lieben oft Suchspiele, denn der Geruchssinn ist meistens erstaunlich gut erhalten. Gehen Sie auch nicht immer den gleichen Weg beim Gassigang. Gestalten Sie auch das Leben des alten Hundes abwechslungsreich, ohne ihn allerdings zu überfordern. Auch hier ist ein gutes Mittelmaß der richtige Weg. Einer unserer alten Hunde verweigert in schöner Regelmäßigkeit die täglich gleiche Runde. Er sucht Abwechslung. Ein anderer alter Hund von uns verweigerte stets einen anderen Gassiweg als den üblichen. Jeder Hund ist anders. Gehen Sie auf Ihren Hund ein!

Haben Sie schon mal von einem Altersheim für Hunde gehört? Nein?
Man nennt es schlichtweg „TIERHEIM", zumindest wird es allzu häufig so verstanden. Denn meistens sind es die alten Hunde, die plötzlich „zu viel" werden. Dabei wäre ein Hundeanfänger mit einem älteren Hund stets besser beraten als mit einem Welpen. Auch berufstätige Menschen sollten sich lieber ältere Hunde anschaffen als Junghunde. Den meisten Hunden genügt ein warmes, liebesvolles Zuhause, in dem sie in Ruhe ihren Lebensabend genießen dürfen. Einen dankbareren Hund als einen alten Hund kann man sich kaum wünschen!

■ **Fazit:** Gehen Sie mit Ihrem alten Hund immer so um, wie Sie den Umgang Ihrer Mitmenschen mit Ihnen im Alter wünschen. Seien Sie etwas toleranter mit Ihrem alten Hund. Manche seiner Macken sind doch auf den zweiten Blick wirklich liebenswürdig. Vergessen Sie nie, von alten Hunden kann man lernen. Alte Hunde genießen das Leben mehr, sie müssen sich nicht mehr beweisen. Die Weisheit des Alters ist etwas Wunderschönes und Kostbares.

Ein Hund bleibt bei seinem Herrn,
in guten wie in schlechten Zeiten,
in Gesundheit und Krankheit.
(George Graham Vest, 1830-1904)

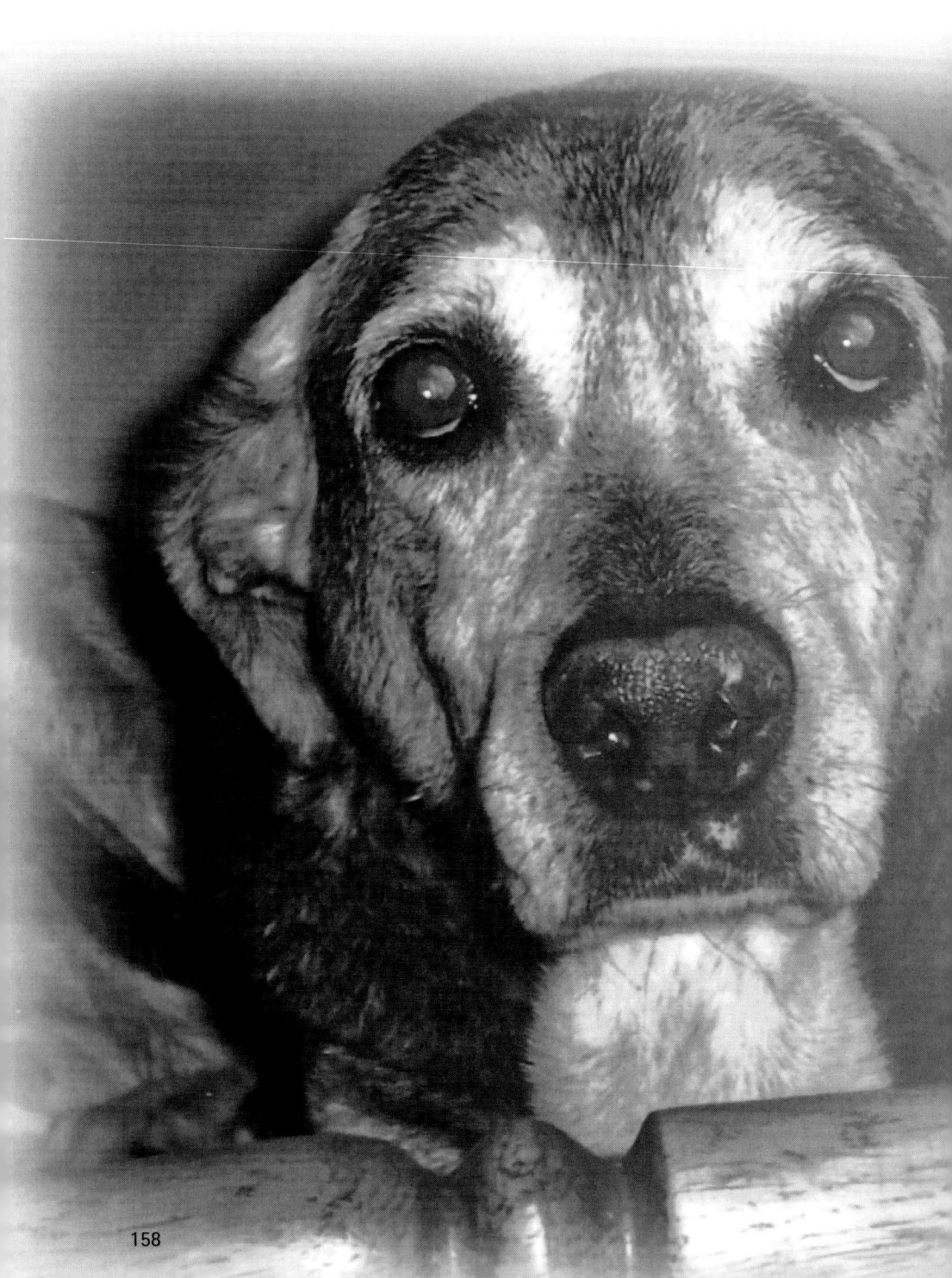

■ Abschied nehmen

Ein Teil des Hundelebens ist auch das Dahinscheiden. Es ist uns ein Trost, dass für unsere Hunde das Altern und der Tod keinen Schrecken darstellen und sie somit auch keine Angst davor haben.

Es ist sicherlich der Wunsch eines jeden Hundebesitzers, dass sein Hund gesund ein hohes Alter erreicht und eines Tages einfach friedlich für immer einschläft. Leider kommt es aber häufig vor, dass der ältere Hund erkrankt und man irgendwann vor der Entscheidung steht, ihn von seinem Leid zu erlösen. Dieses ist immer eine sehr schwierige Entscheidung, die man gemeinsam mit seiner Familie und seinem Hund treffen sollte.

Ich habe dies leider schon oft erleben müssen und kann immer nur sagen: Sie werden es merken, wenn das geliebte Tier gehen möchte. Der Hund schaut in dieser Lebenssituation sozusagen durch Sie hindurch. Dann ist es soweit, das Tier zu Hause durch einen Tierarzt erlösen zu lassen. Den letzten Weg sollte man immer gemeinsam mit seinem Tier gehen. Das sind wir dem geliebten Tier schuldig! Denken Sie immer daran, Ihr Hund würde Sie nie allein lassen, er würde alles für sie tun, er würde auch in Ihrer letzten Stunde bei Ihnen am Bett wachen.

Und wenn eines Tages die Stunde des Abschieds gekommen ist, so wünsche ich Ihnen, dass das folgende Gedicht Ihnen ein wenig Trost geben wird.

Die Summe unseres Lebens sind die Stunden, in denen wir liebten.

(Wilhelm Busch, 1832-1908)

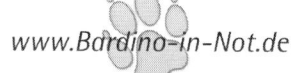

■ Die Regenbogenbrücke

Es gibt einen Ort, der Regenbogenbrücke genannt wird.
Dieser verbindet Erde und Himmel.
Verlässt uns ein geliebtes Tier, geht es an diesen ganz besonderen Ort.

Dort gibt es grüne Wiesen und Hügel, für all unsere geliebten Freunde.
Dort spielen und toben sie zusammen.
Es gibt reichlich zu essen und zu trinken.
Die Sonne scheint, und es ist angenehm warm.

All die kranken, verstümmelten,
verletzten oder alten Tiere sind wieder jung, gesund und stark, gerade so,
wie wir uns an sie in unseren Träumen von vergangenen Tagen erinnern.

Sie sind fröhlich und zufrieden, bis auf eine kleine Sache:
Jedes vermisst jemand ganz Besonderen, der nicht bei ihm ist.

Alle rennen und spielen zusammen. Aber es kommt ein Tag,
an dem eines plötzlich inne hält und in die Ferne schaut.
Sein Körper bebt. Es löst sich von der Gruppe. Es fängt an zu laufen.
Seine Beine tragen es schneller und schneller.

Dein Freund hat Dich entdeckt, und wenn Ihr Euch endlich wiedertrefft,
seid Ihr glücklich vereint, um niemals wieder getrennt zu werden.

Glückliche Küsse bedecken Dein Gesicht,
Deine Hände streichen über den geliebten Kopf Deines Tieres.
Du siehst wieder und wieder in die treuen Augen Deines Freundes,
der so lange aus Deinem Leben …
… aber nie aus Deinem Herzen verschwunden war.

Gemeinsam überquert ihr nun die Brücke …

(Autor unbekannt)

■ Die Geschichte von Vertrauen und Mitgefühl

Bandit (Foto links), ein junger Bardinorüde, wurde Anfang 2001, gemeinsam mit seiner Mutter Bandita, von den Hundefängern der Gemeinde Puerto del Rosario in das Tierheim der Inselhauptstadt von Fuerteventura gebracht.

Beide Hunde waren extrem verängstigt und sehr scheu. Scheinbar war den beiden Streunern der Kontakt zu Menschen nicht bekannt. Nach wenigen Wochen wurde Bandita den Pflegern gegenüber etwas zugänglicher, Bandit jedoch blieb weiterhin äußerst ängstlich. Er zeigte ein deutliches Fluchtverhalten und ließ sich von keinem anfassen oder gar einfangen. Auch war Bandit anfangs ständig in Bewegung und fand bei Bandita in gewisser Weise Halt und Sicherheit. Daher war er immer in ihrer Nähe.

Einen Monat nach der Ankunft der beiden Bardinos hatte ich die Gelegenheit, unser „Gängsterpärchen" selbst auf Fuerteventura zu beobachten. Vielleicht, so dachte ich damals, hätten wir bessere Chancen, Bandit näher zu kommen, wenn Bandita ihm zeigte, dass wir Menschen doch nicht so böse sind. Doch das funktionierte nicht. Ich habe viel Zeit sitzend im Zwinger von Bandita und Bandit verbracht. Nach einer Weile kam Bandita, angelockt durch Leckerchen, langsam näher und nach einer Weile konnte ich sie sogar anfassen, doch Bandit ließ sich mit nichts locken. Seine Rute klemmte er zwischen seinen Hinterläufen ein und seine Augen waren leer. Sein Blick traurig und voller Angst. Er misstraute mir. Meist versuchte er sich mit seinem Hinterteil in die Ecke zu setzen. Mein Gott, was hatten diese beiden Hunde nur erlebt?

So nahm ich mir noch weitere Tage Zeit, Bandit in der Perrera auf Fuerteventura zu beobachten. Dies gelang besonders gut aus der Ferne, wenn Bandit sich im Rudel unbeobachtet fühlte. Zeitweise lief er sogar recht stolz durch unsere Perrera, vor allem dann, wenn wir Menschen uns in dem kleinen Arztraum aufhielten und für ihn nicht sichtbar waren. Zusammen mit anderen Hunden im Auslauf verhielt sich Bandit hin und wieder zwar etwas zurückhaltend, aber nicht scheu und ängstlich. Sobald sich ihm jedoch ein Mensch näherte, sei es nur, um die Zwinger zu säubern oder um an ihm vorbeizugehen, stand er oft wie zu einer Salzsäule erstarrt. Allein seine Augen bewegten sich noch und zeigten pure Angst und Panik. Man spürte förmlich die Anspannung seines

Körpers, der stets bereit war, die Flucht zu ergreifen. Je näher man ihm kam, umso panischer wurde sein Blick. Einige Male hatte ich auch den Eindruck, als schaue er durch mich hindurch. Im letzten Moment versuchte er dann, schnell zu flüchten, und rannte dann über den großen Freilaufplatz der Perrera in die entgegen gesetzte Ecke.

Näherte man sich ihm in seinem Zwinger, wich er ständig aus, rannte hektisch herum und versuchte, dem Mensch zu entkommen, auch wenn man keinerlei Interesse an ihm zeigte. Bandit wollte mit uns Zweibeinern einfach nichts zu tun haben. Besonders vor Männern hatte er große Angst!

Erst sehr spät unternahmen wir den Versuch, Bandit zur Kastration einzufangen. Das Einfangen glich eher einer Hetzjagd. Aber was sollten wir tun? Bandit musste auf jeden Fall kastriert werden. Nach der Kastration wurde es etwas besser, aber er zeigte nach wie vor große Angst und starkes Fluchtverhalten. In diesem Zustand war Bandits Vermittlung jedenfalls unmöglich.

Wenige Monate später flog ich erneut nach Fuerteventura. Bandita verhielt sich inzwischen weniger ängstlich als zuvor und eilte auch schon mit den anderen Hunden herbei, um mich „nach Leckerchen zu untersuchen". Auch wenn es mir immer zuwider ist, Tiere voneinander zu trennen, die offensichtlich sehr aneinander hängen, sahen wir uns gezwungen, Bandit und Bandita zu trennen. Denn einerseits mussten wir irgendwann an Bandit herankommen und andererseits wollten wir auch Bandita ein neues Leben in Deutschland ermöglichen. Bandita wurde in eine Pflegestelle ausgeflogen und von dort relativ schnell an nette Leute aus München vermittelt.

Als ich später wieder einmal mit der Tierheimleiterin, meiner Freundin Saskia Stüven, telefonierte und mich nach Bandit erkundigte, teilte sie mir mit, dass es einem Pfleger gelungen sei, Bandit im „Vorbeirennen" mal kurz „drüber zu streicheln". Bandit hatte sich also im Spiel mit anderen Hunden auch dem Menschen genähert. Das war für mich ein deutliches Zeichen, und ich bat eine Pflegestelle darum, Bandit aufzunehmen. Mit Erfolg!

Ich erläuterte der Pflegefamilie dann noch einmal das Wesen und die Verhaltensweise des Hundes und machte darauf aufmerksam, Bandit in den ersten Tagen ausschließlich im Haus zu lassen. Sollten die Pflegefamilie mit ihm in den Garten müssen, dann möglichst doppelt gesichert, mit Geschirr und Halsband, beides an einer Leine. Ebenso wies ich ausdrücklich darauf hin, dass Bandit auf jeden Fall in seiner Flugbox ins neue Heim transportiert werden müsse und erst im Haus hinausgelassen werden dürfe. Da es sich hier um eine Pflegestelle handelte mit langjähriger Erfahrung im Umgang mit Hunden, wollten wir es wagen: Bandit sollte also ausreisen.

An einem bitterkalten Wintertag, am 7.12.2002, konnte ich endlich (mit Unterstützung unserer Söhne) Bandit am Flughafen in Frankfurt abholen und ihn in seiner Flugbox erst einmal zu uns nach Hause transportieren.

Zu Hause angekommen, schleppte ich gemeinsam mit meinen Eltern die schwere Box samt dem tapferen Bandit in unsere Garage. Von der Garage aus gibt es einen direkten Zugang zu unserem Wohnhaus, so dass bei geöffneter Garagentür durch den Hauswirtschaftsraum hindurch ein direkter Blick in die Küche möglich ist. In der Garage war es durch zwei Heizkörper mittlerweile angenehm warm, Wasser und Futter waren bereitgestellt und an verschiedenen Stellen Leckerchen zur Begrüßung hingelegt. Dann öffneten wir seine Flugbox.

Während der ersten Stunde ließen wir die Tür zum Haus geschlossen. Keiner sollte Bandit stören. Er hörte aber schon die Geräusche aus dem Haus. Danach öffnete ich langsam die Tür, um nach Bandit zu schauen. Er lag vor seiner Box, aber, sobald ich auftauchte, verschwand er wieder darin.

Nach einer Weile öffnete ich erneut kurz die Tür zur Garage und ließ unseren Johnny hinein zu Bandit. Johnny, ein sehr verträglicher, großer und sanfter Doggen-Mix, freute sich sehr über den neuen tierischen Besucher in der Garage. Eine Weile später öffnete ich wieder die Tür, um jetzt unserem Mitbringsel aus Australien, einem australischen Dingo-Mix namens Dingo, Einlass in die Garage zu gewähren. So füllte sich nach und nach die Garage, bis das gesamte Willkommenskomitee der Griesand-Hunde Bandit begrüßt hatte. Alles ging sehr leise vor sich. Unsere Hunde spürten wohl Bandits Angst und legten sich nur in die Garage. Manchmal hörte ich ein freudiges Rutenklopfen von Johnny. Sonst nichts.

Etwa 30 Minuten später ging ich selbst in die Garage und verteilte Leckerchen an die hocherfreute Hundemeute. Bandit wollte sein Leckerchen nicht bei mir abholen, war aber, wahrscheinlich weil Johnny sich zu ihm legen wollte, aus der Box herausgekommen. Man sah ihm an, dass er sich etwas entspannte. Ich näherte mich ihm langsam in der Hocke, vermied aber jeden Blickkontakt mit ihm. Vom lang ausgestreckten Arm nahm er dann doch ein Leckerchen. Das war „Glücksgefühl pur" für mich!

Am späten Abend traf schließlich seine Pflegefamilie aus dem Westerwald ein, um Bandit abzuholen. Die Pflegefamilie wollte Bandit nicht in der Flugbox transportieren, sicherte aber zu, beim Transport ganz vorsichtig vorzugehen. Als sie mir erneut versprachen, Bandit direkt aus dem Auto ins Haus zu tragen und ihn auch im Auto gut zu sichern, willigte ich ein - allerdings mit einem unguten Gefühl. Letztendlich setzte sich Bandits Pflegemama auf die Rückbank und hielt Bandit an der Leine fest. Die Fahrt konnte also beginnen.

Doch nur eine Stunde später rief mich die Pflegemutter an, um mir völlig aufgelöst zu berichten, dass Bandit beim Öffnen des Kofferraums plötzlich aus dem Halsband herausgeschlüpft sei und, ohne noch einmal zu zögern, über den doch recht hohen Gartenzaun gesprungen sei, um dann in Richtung Wald spurlos zu verschwinden.

Ich setzte mich sofort an den PC, meldete Bandit bei Tasso-Online (Tierregister) als gesucht und druckte Suchplakate aus:

Am 7. Dezember 2002 gegen 21:30 Uhr
in IRMTRAUT (Kreis Rennerod) entlaufen:

2-jähriger; kastrierter Bardino-Rüde (Hütehundrasse der Kanaren),
absolut scheu und ängstlich, ca. 65 cm groß und 40 kg schwer,
schwarz gestromt mit weißem Brustfleck
Bandit wird die Flucht ergreifen, wenn er Menschen sieht!
Bitte nichts unternehmen, sollte sich der Hund doch nähern.
Der Hund ist auf keinen Fall aggressiv, er beißt nicht,
er ist ein sanfter und sehr friedfertiger Hund!
Bandit ist absolut sozial mit allen Hunden und könnte
sich daher anderen Hunden nähern.
Bitte helfen Sie uns Bandit zu finden. Jeder Hinweis hilft!

Hinweise bitte an: ...

Zusätzlich bat ich die Pflegestelle, sofort Futter in den Garten zu stellen, und trug ihr auf, schnellsten die ansässigen Jäger zu informieren.

Währenddessen rief ich direkt bei der zuständigen Polizeidienststelle an, um Bandits „Flucht" zu melden. Auch informierte ich das Limburger Tierheim. Anschließend packte ich die Flugbox mit allen Decken ins Auto, auf denen Bandit bei uns in der Garage gelegen hatte, und fuhr in das kleine Dorf im Westerwald, um bei der Suche nach Bandit zu helfen.

Tatsächlich sahen wir Bandit auch für kurze Zeit, als er durch das kleine Örtchen streunte. Daraufhin bauten wir in der Nähe des Hauses, in dem die Pflegestelle untergebracht war, die Flugbox auf, legten die Decken hinein und stellten Futter für den entlaufenden Bandit bereit. Unser Plan war, Bandit auf jeden Fall in der Nähe der Ortschaft zu halten.

Ständig musste ich daran denken, dass unser Bandit von Fuerteventura bei +28 °C abgereist war und nun bei -10 °C durch die Nacht herumirrte.

Im Morgengrauen, nach etlichen heißen Kaffees fuhr ich erst einmal nach Hause, um Frühstück zu machen und unsere Kinder in den Kindergarten zu bringen. Ich beeilte mich, mit meinen Hunden Gassi zu gehen, und bat meine Eltern, sich später den Kindern und Hunden anzunehmen und fuhr mit unserem Doggen-Mix-Rüden Johnny wieder in Richtung Westerwald.

Zwischenzeitlich hatte Bandits Pflegemutter zusätzlich noch die Feuerwehr, die Gemeinde, alle Tierärzte im Umkreis, die Straßenmeisterei und alle Tierschutzvereine über Bandits Verschwinden informiert.

Gemeinsam suchten wir systematisch das Dorf und auch die Waldgegend ab. Wir hielten Kontakt über unsere Handys. Der Pflegepapa sah Bandit mehrmals, ließ dann seine Hündin los, die dann sofort zu Bandit eilte, auch wunderbar mit dem Ausreißer spielte und herumtobte, aber sowie der Pflegepapa versuchte, sich zu nähern, flüchtete Bandit wieder in Richtung Wald und verschwand.

Am Abend brachte ich meinen doch auch recht müden Johnny heim, um einige Stunden später gemeinsam mit meinem Mann wieder zur Pflegestelle zu zurückfahren – „bewaffnet" mit heißem Tee und Kaffee. Dieses Mal parkten wir bei inzwischen -15 °C in der Nähe der Flugbox, denn offensichlich war Bandit in der Nacht davor dort gewesen und hatte etwas gefressen. Nach einer Weile wurde unser Ausharren in der stockfinsteren Nacht belohnt. Bandit tauchte wieder auf und lief um seine Flugbox herum. Er streckte den Kopf hinein, zog sich eine Decke heraus und schleppte diese dann hinter sich her in Richtung Wald. (Irgendwie erinnerte er mich an Linus von „The Peanuts".)

Nach einer Weile kehrte Bandit wieder zurück, ich stand mittlerweile vor unserem Auto, Bandit schaute in meine Richtung und verschwand. Zuvor hatte er eine weitere Decke aus der Flugbox gezogen, diese dann aber liegen lassen – wahrscheinlich weil er mich gesehen hatte. Ich steckte die Decke wieder zurück in die Flugbox. Vor dem Morgengrauen fuhren wir wieder heim. Es war so bitterkalt. Noch nie in meinem Leben hatte ich so gefroren wie in dieser Zeit.

Am nächsten Morgen befand sich die Decke auf einer Wiese, ca. 500 Meter von der Flugbox entfernt.

Vormittags hatte ich endlich eine Fangkiste für Großhunde bei einem befreundeten Tierschutzverein ausfindig gemacht. Eine liebe Bekannte bot sich an, am kommenden Tag einen Transporter zu leihen und die Fangkiste in den Westerwald zu transportieren. Am frühen Abend waren wir wieder in dem kleine Örtchen im Westerwald und hofften, Bandit durch unsere Anwesenheit irgendwie in Bewegung zu halten. Johnny war wieder mit von der Partie und lief frei durch den Ort. Mehrere Male hatte er Bandit aufgestöbert, doch Bandit ergriff immer wieder die Flucht und wir mussten unseren Johnny zurückpfeifen, zumal wir ihm in der Nacht auch nicht so schnell folgen konnten. Bandit hatte mittlerweile wieder eine Decke aus seiner Fangkiste geholt und war mit ihr im Schlepptau geflohen. Wo immer Bandit diese Decke hingeschleppt hat, es blieb sein Geheimnis.

Am nächsten Morgen kam schließlich die Fangkiste und wir stellten sie neben den Futterplatz und die Flugbox auf. Nachts wollten wir dann gut riechendes Futter hineinstellen. Die Pflegemama und ich lösten uns gegenseitig ab, um wenigstens etwas Schlaf zu bekommen.

Gegen 20:00 Uhr machten wir die Fangkiste bereit. Als sie gegen 21:30 zuschlug, rannten wir voller Hoffnung hin … Und wer saß in der Fangkiste? Die wohlgenährte Katze der Pflegemama! Immerhin wussten wir nun, dass die Fangkiste funktionierte!

Tatsächlich näherte sich auch Bandit mehrmals der Fangkiste, musterte sie auch interessiert, ging aber nicht hinein. Hatte er womöglich unsere „Katzeneinfangaktion" beobachtet?

Hundemüde fuhren mein Mann und ich gegen 2:30 Uhr heim. Wir hatten uns gerade zu Bett gelegt, als das Telefon klingelte. Bandit war gefangen! Gott sei Dank! Ich habe geweint vor Freude! Welch' eine Erleichterung. Ein tonnenschwerer Stein fiel mir vom Herzen!

Sofort machte mein Mann sich wieder auf den Weg, um Bandit in seinem Transporter zu uns zurückzuholen. Ich hatte die Pflegefamilie schon vorher darauf hingewiesen, dass wir Bandit selbst in Pflege nehmen würden, falls es uns gelänge, ihn wieder einzufangen. Das war der Pflegefamilie jetzt auch sehr recht.

Der Schrecken steckte auch der Pflegefamilie tief in den Gliedern und sie machten sich damals große Vorwürfe, trotz meiner Warnung so unbedarft gehandelt zu haben. Nach diesem Vorfall nahm sie zwar noch Pflegehunde, aber keine ängstlichen Hunde mehr.

Als mein Mann mit unserem Bandit in seiner Fangkiste, der Flugbox und den heiß geliebten Decken endlich bei uns eintraf, hoben wir die schwere Fangkiste in unsere Garage. Ich hatte in der Zwischenzeit die Heizkörper in der Garage auf Temperatur gebracht sowie zahlreiche Wolldecken und ein Körbchen für Bandit bereitgestellt. Bandit hatte sich bei der Einfangaktion an der Rute verletzt, doch sonst war er unverletzt. Er hatte etwas an Gewicht verloren und wirkte erschöpft, aber jetzt war er in Sicherheit. Endlich!

Am nächsten Tag verbrachte ich viel Zeit bei Bandit in der Garage. Ich ließ auch die Garagentür offen, die zum Haus führte – einerseits, damit er uns sehen konnte, und andererseits, damit unsere Hunde zu ihm gehen konnten, wann sie wollten.

Am zweiten Tag baute ich das Oberteil der Flugkiste ab. Somit lag Bandit gemütlich in „seiner" Flugkiste, ohne weiterhin die Geborgenheit seiner Höhle zu haben. Es war mir wichtig, gewisse Bedingungen in seiner Umgebung zu verändern und diese Veränderung war eine davon.
Schon relativ früh während seiner „Garagenzeit" ging ich dazu über, ihn aus der Hand zu füttern. Dies akzeptierte er relativ schnell, hungrig, wie er war! Auch nahm er es hin, dass ich ihn – wenn auch nur kurz – mit der anderen Hand berührte. Ich kann nicht sagen, dass er es mochte, aber um an das Futter zu kommen, musste er sich mir nähern.

Bandit akzeptierte jetzt langsam die Nähe von Menschen, vor allem die meines Vaters, der oft stundenlang auf seinem Stuhl neben Bandit saß, ihn streichelte und mit Leckerchen „versorgte". Mein Vater war überhaupt der erste Mensch, zu dem Bandit eine Zuneigung aufbaute, und das, obwohl er offensichtlich große Angst vor Männern hatte! Mein Vater strahlt beim Umgang mit Tieren viel Ruhe aus, und dies hat sich eben positiv auf Bandit übertragen. Wenn ich mit unseren anderen Hunden Gassi ging, wagte Bandit sich auch manchmal aus dem Hauswirtschaftsraum heraus und schaute sich in unserer Küche um.

Weiter ging er noch nicht. Schon nach vier weiteren Tagen zog er um in unsere große Wohnküche. Hier erlebte Bandit Familienleben pur, inklusive Fernsehgerät, Küchenduft etc. Er war stets um uns und beobachtete uns. Meist lag er aber ruhig auf seiner Decke am Fenster. Wenn die anderen Hunde aus den Fenstern schauten und bellten, blickte er nur etwas überrascht. Er konnte aber nichts damit anfangen, irgendwelchen Spaziergängern, die an unserem Haus vorbeigingen, wie unsere anderen Hunden es taten, aus der Ferne nachzubellen.

Der Putzeimer und die Küchenrolle waren in dieser Zeit meine besten Freunde. Aber was blieb mir anderes übrig? Bandit musste uns erst einmal akzeptieren; „von uns lieben" konnte damals noch nicht die Rede sein und Gassigehen wäre einfach nicht möglich gewesen, auch kein Gang in den Garten. Sein Geschäft erledigte er zu meinem großen Leidwesen im Haus.

Eines Tages stand er dann aber in der Küche auf der Anrichte und beobachtete uns beim Spaziergang aus dem Fenster. Bis zu diesem Tag waren Wochen vergangen! Jetzt wusste ich: Er wollte mit uns gehen, traute sich aber noch nicht. Ich kaufte ein schönes blaues Geschirr für Bandit.

Zuerst führte ich ihn von unserem Wohnzimmer aus an einer langen Leine im Garten Gassi. Anfangs wehrte er sich gegen die Leine. Doch als er zwei Tage später das erste Mal nach seiner „Gefangennahme" in der freien Natur war und wie ein Pferd an der Longe um mich herum lief, da war mir klar: Es ist Licht am Ende des Tunnels. Endlich machte er sein Geschäft außerhalb vom Haus!

So begannen wir, langsam miteinander zu arbeiten. Manchmal machte er auch schon vereinzelte Ansätze, mit unseren Hunden zu spielen. Erst gingen wir mit der Meute Gassi, dann nur mit Bandit in Begleitung von Dingo und Johnny, der Bandit mittlerweile mit seinen ständigen Kuschelversuchen auf die Nerven ging. Er fühlte sich sicher in unserem Rudel.

Ich vergesse nie den Morgen, als ich die Treppe hinunterging und Bandit mir wedelnd entgegenkam. Seine Augen erschienen nicht mehr teilnahmslos; sie waren glänzend und er schaute mir direkt in die Augen! Er wedelte. Er freute sich, mich zu sehen! Und ich, ich freute mich noch mehr, ihn glücklich zu sehen! Wir hatten einen großen und wichtigen Schritt geschafft!

Wenige Tage später ließ Bandit auch zu, dass ich mich zu ihm aufs Hundebett legte, er genoss richtig meine Nähe. Wenn wir Gassi gehen wollten (er war inzwischen auch nur noch mit dem Geschirr gesichert und nicht mehr wie anfangs auch am Halsband), tanzte er schon mit unseren Hunden voller Freude durch den Flur.

Nur meinem Mann und unseren Kindern gegenüber blieb er sehr zurückhaltend, meinen Mann knurrte er oft an. Wahrscheinlich misstraute er ihm, da er ja für Bandit derjenige war, der ihn gefangen und abtransportiert hatte.

Ich wurde mir mit Bandit immer sicherer. Irgendwann kam ich auf die irrwitzige Idee, doch einmal mit ihm, wie es all unsere Hunde ständig tun, über den kleinen Bach in der Nähe unseres Hauses, den Iserbach, hinüber zu springen. Er rannte mit mir auf den kleinen Bach zu und stoppte aber plötzlich kurz vorher ab. Ich landete fast im Iserbach, Bandit hatte sich, wie auch immer, aus dem bereits etwas lockerer gestellten Geschirr befreit.

Diesen Schrecken werde ich nie vergessen. Bandit rannte mit den anderen Hunden „freudestrahlend" über die Wiese. Ich musste mich erst einmal hinsetzen, denn meine Beine wollten nicht mehr. Ich weiß noch, ich dachte die ganze Zeit: „Anja, bleib ganz cool, ganz ruhig, da passiert nichts. Denk' an deine Körpersprache, keine Anspannung, bleib ganz locker!" Also stand ich wieder auf, ging ganz geruhsam über die große Wiese und ließ die Hunde miteinander toben. Bandit genoss es sichtlich.

Als Johnny meinen Weg kreuzte, rief ich ihn zu mir und nahm ihm sein Halsband ab. Dann hockte ich mich ins Gras und rief unsere Hunde zu mir. Kimba, Dingo, Bardino, Johnny und Ascan kamen gemeinsam mit Bandit angerannt. Ich ließ meine Hunde sich hinlegen. Nur Bandit stand noch etwas unschlüssig. Er hatte erst einen Tag vorher SITZ! gelernt, und das Wort PLATZ! war ihm doch eher fremd. Doch auch er legte sich nach einer Weile zu meinen Füßen nieder, als ob es das Natürlichste der Welt sei! Ich zog ihm Johnnys Halsband über und machte ihn an der Leine fest. Als Bandit so vor mir lag und mich treuherzig anschaute, war mir so, als würde die Sonne aufgehen. Er hatte keine Angst mehr im Blick, er vertraute mir!

2 Wochen später leinte ich ihn auf einer eingezäunten Wiese ab. Er hatte inzwischen die Grundkommandos gelernt und war für mich eigentlich schon unser Hund. Auch wollte ich ihn nicht mehr weitervermitteln. Wir alle liebten Bandit! Doch Bandit fühlte sich mehr und mehr von Johnny belästigt, er knurrte immer öfters meinen Mann an und ging den Kindern aus dem Weg. So wurde mir klar, dass Bandit nicht für uns geboren war. Denn ansonsten hätte er sich – und anfangs hatte ich die Anzeichen auch so gedeutet – vollkommen bei uns integriert und auch insgesamt wohler gefühlt. War er allein mit mir, war seine Welt in Ordnung. Jeder männliche Besuch, ausgenommen der meines Vaters, war eine fast körperliche Misshandlung für Bandit. Er fiel sehr schnell wieder in das alte Schema zurück. Bei uns konnten und wollten wir ihm diese Situationen nicht ersparen.

So entschloss ich für mich selbst, dem Schicksal eine Chance zu geben. Ich „wünschte" mir einfach für Bandit das perfekte Zuhause: Ein ruhiges Frauenpaar, ohne Kinder, mit Erfahrungen im Umgang mit scheuen Hunden, wenig männlichen Freunden, einem eigenen Haus, ländlich und außerhalb wohnend – und das alles natürlich mit einer netten Hundedame, die Bandit toll finden würde ...

Wenige Wochen später rief mich eine Frau an, der ich schon einmal einen scheuen Hund vermittelt hatte. Sie wollte mir von ihrem Rüden Tom und dessen Fortschritte erzählen. Als das Telefonat schon fast beendet war, erzählte sie mir von einer Arbeitskollegin, die einen Hund suche. Dieser Hund, so fuhr sie fort, solle auf jeden Fall über mich vermittelt werden oder – noch besser – bei mir in Pflege sein. Ich entgegnete ihr dann, dass ich zwar einen Pflegehund habe, aber besondere Menschen für ihn suche, und es wohl so gut wie unmöglich sei, ein derartiges Umfeld zu finden. Als ich dann erklärte, wie ich mir die idealen Hundebesitzer für Bandit vorstellte, hörte ich plötzlich nur noch: „Meine Arbeitskollegin erfüllt exakt die Ansprüche, die Du gerade genannt hast!" Und so lernte ich Andrea kennen. Andrea besuchte mich mit ihrer Bernersennenhündin Biene ... und Bandit zog schließlich unter vielen Tränen bei uns aus.

Heute lebt Bandit mit Andrea allein, und die beiden kommen gut miteinander aus. Auch seine Angst vor Männern hat abgenommen, doch ganz verschwunden ist sie nie. Wir alle freuen uns immer, wenn wir etwas von Bandit und Andrea hören.

Wenn ich heute an die Monate mit Bandit zurückdenke, erinnere ich mich an eine Zeit, in der ich viel gegeben hatte, aber ein Vielfaches zurückbekommen habe. Bandit hat meiner Familie und mir wirklich viel abverlangt. Aber allein der erste freudige Begrüßungswedler war mir mehr Lohn als der größte Schatz der Welt. In gewisser Hinsicht wird Bandit auch immer unser Hund bleiben, nur lebt er nicht mehr bei uns. Es ist wie mit Kindern: Irgendwann ziehen sie hinaus in die weite Welt und suchen ihr Glück. Genau wie Bandit!

Bandita (Foto rechts), die heute Jule heißt, lebt mit ihrer Hundefreundin Coco, einer Jackrussel-Hündin, bei Patrizia und Thomas Stemplinger in Otterloh bei München. Sie wird heiß geliebt, und auch ihre Besitzer haben es nie bereut, sie aufgenommen zu haben. Bandita ist, genau wie Bandit, noch heute ein eher zurückhaltender Hund, und auch sie zeigt noch immer in gewissen Situationen etwas Angst und Unsicherheit gegenüber Männern.

Bandita und Bandit haben sich leider in Deutschland nie wieder gesehen.

Die Geschichte von Bandit und Bandita macht deutlich, dass man ein Wesen niemals aufgeben sollte, ohne alles versucht zu haben. Alle Wesen haben Liebe und Zuneigung verdient. Insbesondere im Schicksal von Bandit zeigt sich, dass durch Geduld und Aufmerksamkeit einmal verloren gegangenes Vertrauen wieder erweckt werden kann und sogar Liebe möglich ist. Schritt für Schritt geht es voran, manchmal müssen auch kleine Schritte zurück gemacht werden, um dann wieder einen größeren Schritt nach vorne zu tun. Ich denke, niemand begeht einen größeren Fehler als der, der nicht alles zum Wohl der Lebewesen versucht.

Tiere sind Engel, die auf die Erde kommen,
um uns Menschen das Mitgefühl beizubringen.

(Autor unbekannt)

www.Bardino.de

■ Der alte Bardino –
Die Geschichte eines außergewöhnlichen Hundes

Es gibt nichts Treueres als ein Hundeherz, welches das Grauen und die Hölle bereits gesehen hat und sich dann im Hundeparadies wiederfindet:

Es war einmal ein alter Bardino, der streunte halb verhungert und krank am Hafen von Corralejo herum und versuchte, seinen Hunger und Durst mit etwas Salzwasser zu stillen. Hungrig schaute er zu einem Restaurant am Hafen und war unschlüssig, was er tun sollte. Hinlaufen und um etwas Futter betteln? Würde man ihn dort etwa wieder verscheuchen oder ihm vielleicht doch ein wenig Essbares geben? Er brauchte doch nicht viel, nur so viel, dass er wieder einen Tag überleben, einen weiteren Tag die Sonne sehen kann ...

Wie oft muss der arme Kerl nur diesen Satz gehört haben: „Oh wie furchtbar, der Hund hat ja kaum noch Fell! Das ist bestimmt ansteckend! Igitt! Geh weg, Hund, verschwinde!" Er wollte leben, für sein Leben kämpfen, aber für was? Eine Familie, die sich um ihn kümmerte, hatte er nicht und einen sicheren Platz zum Schlafen suchte er schon den ganzen Tag. Oh, wie erschöpft er war.

Da sah der alte Hund zwei kleine Jungen, die oben an den Klippen standen und einer der Jungen rief: „Mama, komm schnell, da ist ein armer, kranker Hund!" Bevor er wusste, was überhaupt geschah, stand neben ihm eine Frau im Sand und versuchte, ihn anzulocken. Aber der arme alte Hund dachte nur an Flucht. Nur nicht getreten werden, nicht schon wieder ...

Was wollte diese Frau von ihm? Ihn einfangen, in eine Zelle stecken, so dass er nach 21 Tagen getötet werden würde? Wie viele Schläge hatte er in seinem Leben schon einstecken müssen? Wie viele Besen und Stöcke hatten schon auf ihn eingeschlagen? Ganz zu schweigen von den Steinen, die nach ihm geworfen wurden? Wie viele Füße hatten schon nach ihm getreten? Er konnte es nicht mehr zählen. Irgendwann war es für ihn zum Alltag geworden. Nur an den Schmerz, an den gewöhnt man sich nie ...
Doch die Frau sprach sanft auf ihn ein und näherte sich ihm ganz behutsam. Stück für Stück, und bevor er es überhaupt abwenden konnte, spürte er den Gürtel, den ihm diese Frau um seinen knochigen Hals gebunden hatte. Was

geschah nun mit ihm? War er in eine Falle getappt? Auch die Kinder und der Mann näherten sich. Doch alle waren so freundlich und immer wieder hörte er: „Der arme Kerl, dem müssen wir helfen! Ist er nicht schön?"

Ob er sich da verhört hatte? Er sollte schön sein? Konnte die Familie ihn nicht sehen? Waren sie blind? Er wurde doch von allen anderen immer vertrieben! Sein früher so schön glänzendes und schwarz gestromtes Fell war stumpf geworden und mit grauen Haaren durchzogen. Sein Bauch war durch den schlimmen Milbenbefall übersät von kahlen, eitrigen Stellen. Seine Augen tränten, und er musste sich ständig kratzen, gequält von den vielen Flöhen. Die Ohren waren voller Milben und taten ihm weh. Er stank fürchterlich.

Was war nur mit dieser Familie los? Konnten diese Menschen mit dem Herzen sehen? Konnten sie ihn so sehen, wie er eigentlich war? Stolz und schön, keinesfalls krank und gebrochen?

Die Familie nahm ihn tatsächlich mit in eine große Hotelanlage. Im Hotelzimmer bekam er erst einmal Wasser und auch etwas zu fressen, was er dankbar annahm. Oh, wie hungrig er war. Er schlief in dieser Nacht sehr tief. Er fühlte sich sicher und wedelte sogar im Traum, zum ersten Mal seit langer Zeit! Er musste keine Angst haben, dass die Sonne ihn verbrennt, dass ihn jemand verscheucht und schlägt, dass ihn andere Hunde angreifen oder er letztlich doch eingefangen und in eine Tötungszelle gesteckt wird, die er womöglich nie wieder lebend verlassen würde. Dort, wo er lag, war Frieden und Sicherheit. Etwas, was er schon so lange gesucht hatte.

Am nächsten Morgen machte sich die Frau schon früh mit ihm, dem alten Hund, auf den Weg. Überall zeigte sie ihn den Leuten, sprach mit den Einheimischen, sprach bei Tierärzten vor, klopfte an fremde Türen, fragte in Geschäften ... Nichts, niemand kannte den Hund (oder wollte ihn nicht erkennen?). Keiner schien den alten Hund schon einmal gesehen zu haben.

Todmüde kehrten die beiden am Abend wieder in die Hotelanlage zurück. Auf ihrer Suche kreuzte mehrfach ein offenbar jüngerer Bardino-Mix ihren Weg, und die Frau gewann mehr und mehr den Eindruck, dass die Hunde sich zwar kannten, der jüngere Hund sich aber nicht näher herantraute.

Nachdem die Frau lange, aber erfolglos das frühere Zuhause des alten Hundes gesucht hatte, wurde ihr allmählich klar, welches Schicksal er erlitten hatte: Alt, wie der einst wunderschöne Rassehund war, ist er für seine einstigen Besitzer „unbrauchbar" geworden. Man hatte ihn jahrelang als Wachhund und gern auch als Zuchtrüde „benutzt". Doch trotz seiner treuen Dienste gestand ihm sein früherer Besitzer jetzt nicht zu, seine alten Tage in Ruhe bei ihm genießen zu dürfen. Vielmehr hatte er ihn einfach „weggeworfen", ihn seinem Schicksal überlassen, ihn einfach zum Sterben aus seinem Dienst entlassen.

„Das durfte nicht sein!", beschloss die Frau mit ihrer Familie, „Das hat der arme Kerl nicht verdient!" Tatsächlich, diese Familie meinte es gut mit ihm und wollte ihm noch einen schönen Lebensabend bereiten. Und das, obwohl sie sich schon „Falko", einen Doggen-Mix aus der Perrera in Puerto del Rosario, ausgesucht hatten und auch zu Hause in Deutschland noch zwei weitere Hunde auf die Rückkehr der Familie warteten.

Hatte er also endlich mal Glück, er, der alte Bardino? Jedenfalls sprach sein neues Frauchen direkt mit dem Hoteldirektor. Dieser war zwar freundlich, bestand aber darauf, dass er, der alte Hund, die Hotelanlage verlassen müsse. Wie gut, dass die Frau aus Deutschland die Tierhilfe Fuerteventura e.V. kannte und direkt beim örtlichen Partnerverein OKAPI anrief. Schnell suchten Rolf (ein Helfer von OKAPI) und Brigitte (Brigitte Ducat, die Mutter von Laura, einer Helferin von Okapi) die Familie auf und unversehens war beschlossen, den alten Bardino vorübergehend bei Rolf unterzubringen.

Um wirklich sicher zu gehen, unternahm auch Rolf an den folgenden Tagen in Corralejo noch einmal den Versuch, den ehemaligen Besitzer zu finden, und fuhr zusätzlich die dortigen Tierärzte ab. Aber auch er war erfolglos, keiner kannte den alten Hund. Somit war sein „neues Leben" beschlossene Sache: Der alte Bardino, der auch „Bardino" getauft wurde, sollte seine zweite Chance in Deutschland bekommen.

„Bardino" wurde tierärztlich untersucht, geimpft und gechipt. Der jüngere Bardino-Mix, den er und sein neues Frauchen mehrmals bei der Suche „getroffen" hatten (und der ihm sehr wohl bekannt war), wurde ebenfalls eingefangen und „Kimba" genannt. Dass sich die beiden Hunde tatsächlich „kannten", stellte die

Familie endgültig bei der Kastration in Deutschland fest. Hier kam zum Vorschein, dass der alte wie auch der jüngere Hund ein unübersehbares Merkmal auf der Zunge hatten, das nur in direkter Linie vererbt werden kann. Somit war nun für alle klar, dass es sich offensichtlich um Vater und Sohn handelte.

Inzwischen ist der alte „Bardino" sicherlich schon 14 bis 15 Jahre alt und genießt sein Leben mit uns, seiner neuen Familie, und seinen Hundefreunden in Deutschland. Nichts, aber wirklich nichts würde unser „Bardino" tun, um dies zu gefährden. Unser geliebter „Bardino" hat Fuerteventura nicht vermisst, keine Sekunde lang! Und wir haben es nie bereut, dass wir unseren alten Knaben haben. Ein Blick in seine Augen genügt und wir wissen, wir würden es immer wieder tun. In seinen Augen ist noch viel Feuer. Er wird ewig leben, auch wenn er eines Tages geht, und wir Sand aus Fuerteventura auf sein Grab streuen werden. Denn er wird, genau wie alle unsere Tiere, in unseren Herzen weiterleben. Für immer ...

Geschrieben im Juni 2004

■ Nachruf:

Am 19. Mai 2006 verstarb unser über alles geliebter „Bardino". Er war der Vater aller Bardinos, denn ohne ihn wären Tausende von Bardinos auf den Kanaren gestorben. Er war der tapferste und mutigste Hund, den ich je gekannt habe. Bardino war einzigartig, kein Hund war wie er. Er fehlt uns allen sehr!

Die folgenden Gedichte und Sinnsprüche gaben mir bisher stets Trost:

Tot ist nur der, den man vergisst.
Bardino wird, genau wie alle unsere Tiere, ewig leben.
***

Du bist nicht tot,
Du wechselst nur die Räume.
Du lebst in uns und gehst durch unsere Träume.
(Michelangelo Buonarroti, 1475-1564)
***

Denk Dir ein Bild. Weites Meer.
Ein Segelschiff setzt seine weißen Segel
und gleitet hinaus in die offene See.
Du siehst, wie es kleiner und kleiner wird.
Wo Wasser und Himmel sich treffen, verschwindet es.
Da sagt jemand: „Nun ist es gegangen."
Ein anderer sagt: „Es kommt."
Der Tod ist ein Horizont, und ein Horizont
ist nichts anderes als die Grenze unseres Sehens.
Wenn wir um einen Menschen trauern,
freuen sich andere,
ihn hinter der Grenze wieder zu sehen.

(Autor unbekannt)

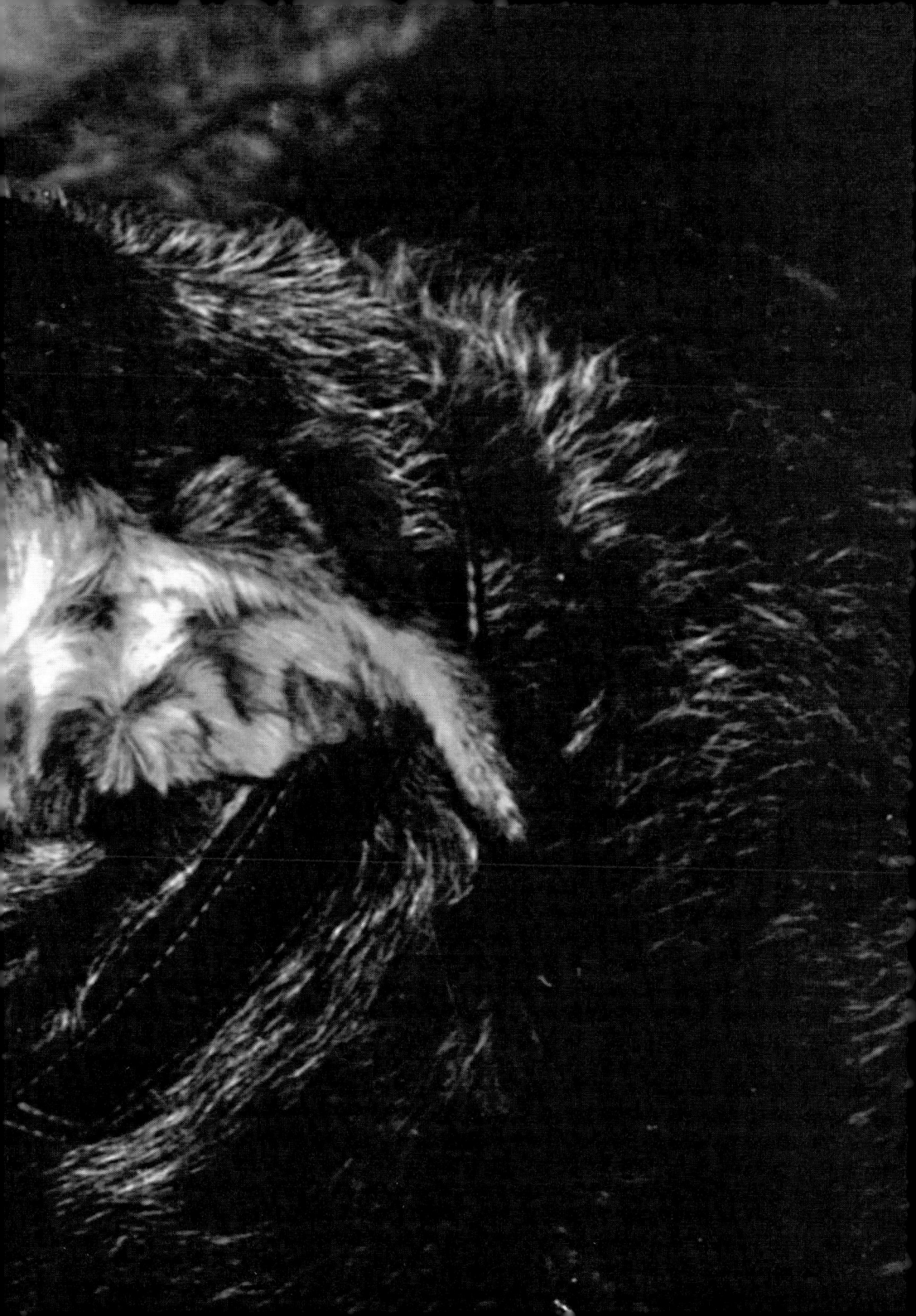

Über Heimat und Ursprung ...

■ Die Guanchen und ihre Hunde

Man kann und sollte die Geschichte der Bardinos nicht erzählen, ohne von den Kanaren und seinen Ureinwohnern, den Guanchen, zu erzählen. Denn egal, wen ich auf den Kanaren fragte, ich hörte immer wieder: „Die Bardinos sind Guanchen-Hunde".

Der Name „Guanche" bezog sich ursprünglich auf die Ureinwohner von Teneriffa. „Guanche" heißt übersetzt so viel wie „Mensch aus Teneriffa". Erst ab dem 18. Jahrhundert nannte man alle Ureinwohnern der Kanarischen Inseln Guanchen. Die ältesten Fundstücke der Guanchen gehen auf 200 Jahre v. Chr. zurück.

Für mich sind die Guanchen von etwas Mystischem umgeben und jeder, der jemals einen Bardino besessen hat, wird bestätigen, dass auch die Bardinos etwas ganz Besonderes sind. Die Guanchen und ihre Geschichte geben uns, ebenso wie ihre Hunde, immer noch Rätsel auf. Woher stammten sie? Wann besiedelten sie die Kanaren? Das sind zunächst die Fragen, die uns hier beschäftigen sollen. Denn um seinen Bardino so schätzen zu können, wie es ihm zusteht, sollte man auch die besonderen Begebenheiten der Kanaren kennen, vor allem die Lebensumstände der ältesten Kanareninsel, Fuerteventura, auf der sich die Rasse entwickelt hat.

■ Die Besiedlung der Kanaren

Die Kanaren sind vulkanischen Ursprungs, wobei die östlichen Inseln älter sind als die westlichen. Fuerteventura und Lanzarote entstanden vor ca. 20 Millionen Jahren. Gran Canaria hat sich vor rund 15 Millionen Jahre herausgebildet, die jüngsten Inseln sind La Palma und EL Hierro, die vor ca. 1 bis 3 Millionen Jahren aus dem Meer aufstiegen. Geologisch gesehen sind die Kanareninseln also noch jung.

Die östlichen Inseln der Kanaren wurden deutlich früher besiedelt als die westlichen, weil die östlichen Kanaren (Fuerteventura, Lanzarote und Gran Canaria) dem afrikanischen Kontinent geographisch wesentlich näher liegen.

Circa 3000 Jahre v. Chr. siedelten sich in mehreren Schüben vermutlich die ersten Menschen aus Nordafrika und Europa auf den Kanaren an. 500 bis 200 v. Chr. besiedelten weitere Menschen aus Nordafrika die Kanaren. Diese Siedler fanden bereits die verschiedenen Königreiche der Guanchen vor.

Eine Theorie zur Geschichte der Kanaren geht davon aus, dass die Goten in Nordafrika erfolgreich gegen die Römer gekämpft hatten, bevor sie später selbst von Arabern in die Flucht geschlagen und auf die Kanaren verschifft wurden. Somit würden die Guanchen von den Goten abstammen. Dafür sprechen auch Berichte, in denen die Guanchen als überwiegend groß, hellhäutig, blauäugig und blond beschrieben werden. Der männliche Guanche war zu Zeiten der spanischen Eroberer im Durchschnitt 170 cm groß; die spanischen Eroberer waren ganze 10 cm kleiner.

Eine andere Theorie hingegen hält die Westafrikaner für die Ureinwohner der Kanaren. Diese wurden von einem Sturm auf eine westliche Kanareninsel getrieben und nannten sich fortan „Alizuth", was soviel wie Glück und Freude bedeutete. Um 1199 v. Chr. könnten Phönizier (im Alterturm der Küstenstrich Syriens) auf der Suche nach Handelsmöglichkeiten die Kanarischen Inseln besucht haben. Die Phönizier hielten sich schon damals Schafe und Ziegen und waren große Seefahrer im Atlantik. Deshalb ist ein gewisser Einfluss der Phönizier auf die Kanaren durchaus denkbar, wobei sie auch schon existente Kulturen vorgefunden haben könnten.

■ Erste Berichte über Hunde auf den Kanaren

Erste Berichte über die Hunde auf den Kanaren stammen von Plinius, einem römischen Historiker und Fachschriftsteller. Plinius beorderte im 1. Jahrhundert nach Christus eine vom mauretanischen König Juba II entsandte Galeere mit Forschungsreisenden aus Römisch-Mauretanien (dem heutigen Marokko) auf die Kanaren, genauer gesagt nach Gran Canaria. Dort fand man nicht nur fruchtbares Land mit hohen Bergen und exotischen Pflanzen vor, sondern auch Hunde mit Tigerstreifen. Diese Hunde waren wild, aber nicht blutrünstig, intelligent und schön anzusehen, leicht zu erziehen, mit einer eigenen Grazie und äußerst folgsam.

Es ist davon auszugehen, dass diese Forschungsreisenden einige Welpen dieser Hunde für den römisch-mauretanischen König (König Juba II.) auswählten und nach Mauretanien (Nordwestafrika) mitnahmen. Daraufhin gab der König den bislang unbekannten kanarischen Inseln einen Platz auf der Landkarte und einen Namen, der sich seitdem nicht mehr änderte: „Inseln der Canes" (lat. für „Hund", „can" bzw. „canes").

Ob es sich bei Hunden, die von König Juba so sehr bewundert wurden, tatsächlich um Bardinos handelte, ist nicht eindeutig belegt, mit Sicherheit gab es auch noch andere Hunderassen auf den Inseln. In den alten Schriften werden sowohl gestromte Hunde beschrieben als auch sandfarbene Hunde ohne Stromung.

Im archäologischen Museum von Rabat (Marokko) befindet sich eine alte bronzene Hundeskulptur, von der gesagt wird, sie sei einem Hund der Kanaren nachempfunden.

Alte Schriften besagen, dass Christoph Kolumbus, der genuesische Seefahrer in spanischen Diensten, auf seiner zweiten Reise (25.9.1493 – 11.6.1496) zu den Kleinen Antillen auch Hunde mitgeführt habe, die ursprünglich von den Kanaren stammten.

Wahrscheinlich haben auch spanische, italienische und portugiesische Seefahrer im frühen Mittelalter auf ihren ersten Reisen ihre Hunde mitgenommen. Später wird so mancher Hund auf den Kanaren zurückgeblieben sein, vielleicht auch durch einen Tausch, wie es im 15. Jahrhundert üblich war, oder als Geschenk für die Einheimischen. Die Kanaren waren lange Zeit eine wichtige Station auf dem Weg nach Amerika, nicht nur zur Proviantaufnahme für den weiten Weg zum „neuen Kontinenten", sondern möglicherweise auch für die verschiedensten Tauschgeschäfte.

■ **Die Bedeutung der Hunde in der Kultur der Guanchen**

Was die Spanier auf den Kanaren damals vorfanden, passte nicht in ihr Weltbild. Dies gilt insbesondere auch für die Guanchen, diesem eigentümlichen Volk, das den Anschluss an die Metallzeit nicht gefunden hatte (woher auch, es gab auf den Kanaren kein Metall!). Die Guanchen waren die ersten Einwohner auf Fuerteventura, nannten sich selbst „Vogelmenschen", kannten nur ihre primitive Malerei und keine Schriftzeichen. Wie bereits erwähnt, besaßen die Guanchen vermutlich auch nordafrikanische Wurzeln. Sie lebten scheinbar noch wie in der Steinzeit und kleideten sich in Felle, kannten nur Werkzeuge aus Holz oder Basalt und benutzten zum Pflügen lediglich Grabstöcke. Aber sie waren kultiviert, hatten Priester und Könige. Ihre Toten wurden nicht begraben, sondern einbalsamiert und meist in Höhlen gebracht; den ganzen Hausrat legte man dazu. In unterirdischen Grabhöhlen wurden neben beigesetzten Guanchen auch beigesetzte Hunde gefunden. Der Hund hatte bei den Guanchen von Anfang an einen hohen Stellenwert, denn er half ihnen in der Landwirtschaft und bewachte ihr Heim und ihre Herden.

In Erzählungen wird berichtet, dass manche Guanchen-Hunde wolfsähnlich waren und bei den Begräbnisritualen eine Rolle spielten. In einigen Grabhöhlen der Guanchen wurden Hundeknochen gefunden und registriert, jedoch nicht systematisch erforscht. Möglicherweise waren die Hunde eine Grabbeigabe, die den Verstorbenen in die andere Welt begleiten und dort beschützen sollten. Auf Teneriffa wurde eine mumifizierte Hundeleiche gefunden. Diese war klein und besaß ein kurzes dunkles Fell. Luis Diego Cuscoy äußert in seinem Buch über die Guanchen die Annahme, dass Hunde auch bei der Anbetung der Verstorbenen anwesend waren. Es gibt zahlreiche überlieferte Geschichten über Guanchen, in denen ihre Hunde erwähnt werden.

Der Dichter Néstor Alamo, dessen Texte im Bewusstsein und der Folklore der Kanarischen Inseln lebendig geblieben sind, charakterisierte die Hunde der Guanchen als Aufpasser anlässlich des 1. Symposiums „de la Razas Canias Españoles" (1982, Spanische Hunderassen). Diese Hunde, so sagte er, wurden auch „Landhunde" genannt und seien nachts häufig frei herum gelaufen.

Auch der Historiker A. J. Benítez berichtet um 1914 von Hunden auf Fuerteventura und Lanzarote, die „Verdino" genannt wurden. Diese Verdinos verfügten über eine sehr gute Nase, hervorragende Augen und einen ausgeprägten Willen zu lernen. Sie hatten keinerlei Jagdtrieb und erwiesen sich als sehr gute Wachhunde, auch zum Schutzhund geeignet.

In einer alten Schrift wird eine große Hundrasse erwähnt, die von den Guanchen „Barcino" genannt wurde. Die Barcinos – so ist es der Schrift zu entnehmen – sind aus dem Bardino gezüchtet worden sein. Ihr Fell wird als weiß, grau und rötlich beschrieben, aber nur selten habe es gestromte Barcinos gegeben. Möglicherweise ist mit dem Barcino der heutigen Mastín Español gemeint, denn in einer anderen Überlieferung wird erwähnt, dass man den Bardino mit Hunden der spanischen Herrenhäuser gekreuzt habe.

■ „Islas Canarias" einige Theorien zur Herkunft des Wortes

Für das Wort „Islas Canarias" gibt es viele verschiedene Übersetzungen. So erklärte ein Kanarenbewohner, das Wort „Kanaren" sei eine Ableitung eines Guanchenwortes. Das Wort „Kan" (Guanchensprache) bedeutet in der spanischen (castellanischen) Sprache „Perro" (Hund). Das Wort „Ara" (Guanchensprache) bedeutet „oveja", was so viel heißt wie „Schaf"/„Schäfer", „Cabra" wiederum heißt „Ziege". Also hieße „Islas Canarias", im weitesten Sinne übersetzt, die „Inseln der Hütehunde".

Manche Archäologen führen den Namen der Inselgruppe auf einen nordamerikanischen Stamm, den „Canarii", zurück. Ihrer Theorie zufolge sind die „Canarii" auch als Vorfahren der Inselbewohner anzusehen.

Viera y Clavijo (1731-1831), ein Schriftsteller und Naturforscher des 19. Jahrhunderts, hatte zwei Theorien zur Bezeichnung „Kanaren". Entweder hatten sich die Vasallen der italienischen Könige Cranus und Crana auf einer der Inseln niedergelassen und diese „Cranaria" getauft oder der Name der Insel stammt von den lateinischen Verben „canere" oder „cantare" (deutsch: „singen") ab, so dass die Inselbezeichnung auf die Kanarienvögel zurückzuführen wäre.

■ Der Guanche und sein Bardino: Treu verbunden im Wandel der Zeiten

Als Synonym für die Bezeichnung „Guanchen", also für die Ureinwohner der Kanaren, wird auch der Begriff „Altkanarier" verwendet. In den Geschichten der Guanchen, die auf verschiedenste Weise überliefert wurden, spielen ihre gestromten Hunde eine wichtige Rolle.

Die Guanchen nannten die Stromung der Bardinos „Lagartiao" nach der atlantischen Echse (Gallotia atlantica), denn im Muster dieser Echsenart, die nur auf den Kanaren vorkommt, ist ebenfalls - als türkisfarbene Flecken an den Körperseiten – die Farbe Grün enthalten.

Etwa 100 Jahre bevor der französische Eroberer Jean de Béthencourt 1402 die Inseln eroberte, lebte unter den Ureinwohnern ein Mann namens Ioné, vermutlich ein mallorquinischer Missionar. Dieser sagte voraus, dass der wahre Gott weiß gekleidet übers Meer kommen werde. Als dann, kurze Zeit später, die Christen unter weißen Segeln erschienen, wurden sie für Götter gehalten und verehrt.

Es wird Sie sicherlich überraschen, dass auch Deutsche im Jahre 1402 mit dem französischen Eroberer Jean de Béthencourt zu den Kanaren kamen. Zwei von ihnen sind namentlich in der Chronik der Eroberung erwähnt. Es ist aber davon auszugehen, dass es mehr als zwei Deutsche waren, denn sie machten sich auf den Kanaren sesshaft. Einer der Deutschen, in der Chronik „Guillaume d'Allemagne" genannt, Wilhelm aus Deutschland, fand ein tragisches Ende am Strand von Arguineguín (Süden von Gran Canaria). Bei einem unvorsichtigen Landausflug wurde er von den wütenden Canarios zusammen mit 21 anderen Eroberern erschlagen.

Die Guanchen, aber auch ihre Hunde sollten im Laufe der Eroberungskriege immer mehr in Bedrängnis geraten. Als die Spanier kamen, bewiesen die Guanchen, dass sie auch zu kämpfen verstanden – mit ihren primitiven Waffen. Über ein halbes Jahrhundert lang wehrten sie sich tapfer, aber gegen die Ausrüstung der Eroberer hatten ihre kleinen Schilde und die Waffen aus Holz, Horn oder Stein schließlich doch keinen Erfolg.

Erst 1483 war Gran Canaria völlig in spanischer Hand. Die Eroberungskriege der Kanaren durch die Spanier (von 1402 bis 1496) endeten schließlich in einer für die Guanchen verheerenden Schlacht im Jahre 1495.

Der Chronist Leonardo Torriani beschrieb die Guanchen noch 1590 als Barbaren und nannte sie Götzendiener, denen lediglich der Unterschied zwischen Arm und Reich bekannt sei. Der Reichste unter ihnen war automatisch der König.

In verschiedenen Erzählungen über die Guanchen wird von den „Tibicenas" berichtet, die die Guanchen für Dämonen hielten. Die Guanchen verehrten und fürchteten die Tibicenas. In einer Guanchenlegende wird der berichtet, dass die Tibicenas dunkle Hunde unbekannter Herkunft waren. Niemand hatte die Tibicenas je gesehen. Niemals waren die Tibicenas bei Tageslicht aufgetaucht. Sie waren schwarze Flecken, die in der Dunkelheit mit ihrem lauten Heulen verschwanden. Tibicenas standen immer für etwas Schlechtes und Böses, sie brachten Tod und Leid mit sich.

Vielleicht hat sich die Geschichte von den Tibicenas in jene Legende verwandelt, weil die Hirten und Herden in früheren Zeiten oft von Hunden angegriffen wurden. Tatsächlich wurden Knochenreste von großen Hunden gefunden. Somit steckt in dieser Guanchenlegende wahrscheinlich ein großes Stück Wahrheit und die Tibicenas waren vermutlich Wölfe. Womöglich hat die Eroberung der Kanarischen Inseln schließlich dazu geführt, dass jene „Wölfe" verschwanden. Es ist unbestritten, dass auf den Kanarischen Inseln, speziell auf Gran Canaria solche „Wölfe" existiert haben.

Die Portugiesen und Spanier waren in erster Linie wegen des Sklavenhandels an den Inseln interessiert, jedoch suchten sie dort auch lange und vergeblich nach reichem Goldvorkommen. Die Eroberer trieben mit den Inseln regen Handel. Das Land und Eigentum der Bewohner wurde unter den Kolonialisten aufgeteilt, und die Bevölkerung versklavt.

Die Bardinos wurden jahrelang mit Fangprämien (Kopfgeld) gejagt und getötet. Die Konquistadoren fürchteten diese Tiere so sehr, dass sie die meisten von ihnen auf Teneriffa töten ließen und jedem Schäfer nur noch einen einzigen Bardino zum Hüten der Herde gestatteten. Möglicherweise wollte man damit verhindern, dass die Einheimischen ihre wachsamen Bardinos zum Schutz hielten. Im Mai 1499 wurde hierzu bereits ein Gesetz erlassen, das, nach der Häufigkeit seiner Veröffentlichung zu urteilen, von den Inselbewohnern immer wieder missachtet wurde. Wer das Gesetz brach, musste mit der Prügelstrafe rechnen; dennoch unternahmen die Einwohner alles, um die für sie so geschätzten Tiere zu behalten.

Zeitweilig wurde sogar jedem, der den Kopf eines Bardinos vorzeigen konnte, eine wertvolle Goldmünze gezahlt. Für eine Bardina gab es zwei Goldstücke und für einen Bardino-Rüden ein Goldstück. Aus diesem Grund gab es lange Zeit weniger Bardinas als Bardino-Rüden.

Das 15. Jahrhundert bedeutete für Fuerteventura, wie für alle anderen Kanarischen Inseln, die vollständige Eroberung durch das spanische Königreich, das mit der Königsdynastie Schluss machte und mit einer weit gehenden Tötung der Urbevölkerung einherging. Ende des 15. Jahrhunderts waren fast alle Guanchen durch Spanier und Portugiesen versklavt, verschleppt und verkauft worden. Die Guanchen wurden letztendlich unterworfen, getauft und vermischten sich mit den Neuankömmlingen. Nichts blieb übrig von ihnen – außer ihren Höhlen, den steinzeitlichen Funden in den Museen und vielen rätselhaften Geschichten UND IHREN HUNDEN, DIE BARDINOS.

Außer Fuerteventura und Lanzarote wurden alle Kanarischen Inseln direkt von der spanischen Königin Isabella verwaltet. Fuerteventura und Lanzarote wurde von Feudalherren kontrolliert, welche die Insel heruntergewirtschaftet und die Urbevölkerung durch hohe Abgaben in die Armut getrieben hatten. An einen Ackerbau war angesichts dieser Ausbeutung nicht mehr zu denken, das Land wurde kahl und karg, zusätzliche Piratenangriffe taten ihr Übriges.

Bis zum Jahre 1823 waren die Kanaren eine unter den vielen Kolonien Spaniens; Politik und Wirtschaft entwickelte sich in Abhängigkeit Spaniens. Doch die Feudalherrschaft wurde schließlich beendet und eine Umstrukturierung der Besitzverhältnisse in Angriff genommen. Die Kanaren waren nicht länger

Kolonie, sondern wurden zu einer Provinz Spaniens.

Die systematische Dezimierung der Hunde, vor allem der Bardinos, zog sich über Jahrhunderte hin:

Am 19. Februar 1618 wurde ein Gesetz beschlossen, das vorschrieb, Bardinos nicht mehr frei herumlaufen zu lassen. Man hatte die Hunde vielmehr an der Leine zu führen, damit sie keinen Schaden anrichteten. Ferner wurde untersagt, die Hunde an Soldaten, Sklaven oder der Jugend zu übergeben.

Am 21. Oktober 1624 wurden Nachrichten verbreitet, wonach die Schaf- und Ziegenherden wegen der frei laufenden Hunde große Verluste erleiden mussten. Daher seien alle Hundebesitzer, die mehr als einen Hund ihr Eigen nannten, aufgefordert, die restlichen Hunde innerhalb von acht Tagen zu töten. Andernfalls - so lautete die Meldung - habe der Hundehalter mit einer Strafe zu rechnen.

Am 21. Dezember 1625 wurde vorgeschrieben, dass alle Inselbewohner ihre eigenen Hunde – bis auf einen, und dieser muss angekettet sein – töten müssten.

Am 12. Januar 1626 hieß es, dass man einen Jagdhund halten dürfe, aber keinen Hütehund. Hüterhunde seien innerhalb von drei Tagen zu töten, andernfalls werde dem Halter eine Strafe von 4 Dukaten und 20 Tage Haft auferlegt.

Am 25. August 1627 kam es in einem weiteren Gesetz zu dem Beschluss, dass alle Hundehalter namentlich registriert und ihre Hütehunde erhängt werden müssen, da diese großen Schaden anrichteten. Jedem Inselbewohner wurde es gestattet, straffrei jeden Hütehund zu töten, der frei herumlaufe bzw. nicht angekettet sei.

Am 13. März 1737 wurde die Tötung aller streunenden Hunde vorgeschrieben, die von Ausländern beim Verlassen der Inseln zurückgelassen worden waren.

Rehabilitierung erfuhr der Bardino schließlich, als der spanische Herrscher Castellano, der in eine Guanchen-Prinzessin verliebt war, den Bardino zu „einem ehrenwerten Hund, den er (Castellano) nicht verurteilen wolle", erklärte.

Victor Grau-Bassas (1846-1917) verwies 1885 in seinen Veröffentlichungen noch einmal auf Archive, in denen die Spanier die Hunde beschreiben, die sie bei der Eroberung der Kanaren vorfanden. Darin ist u. a. von hervorragenden Wachhunden die Rede, die man auf Fuerteventura und Lanzarote angetroffen habe.

■ **Bemerkung:** Dr. E. Bolleter (1873-1922) schreibt 1910 in seinem Buch „Bilder und Studien von einer Reise nach den Kanarischen Inseln", dass in der Guanchensprache „Cancha", „Hund" heiße.

Ich stieß selbst bei meinen Recherchen zu diesem Buch auch auf eine Hunderasse der Guanchen, die sie „Cancha" nannten. Diese Hunde sollten relativ klein gewesen sein. In alten Überlieferungen wird aber auch eine Hunderasse genannt, die man in Teneriffa „Cancha" nannte und in La Palma „Haguayan". Diese Hunde sollen als Schafhüter gedient haben und auch als Opfergabe bei der Ausübung religiöser Riten. Cancha war wohl eine kleinere Hunderasse, die als Kläffer verschrien waren.

■ **Was blieb und was wir tun können ...**
Etliche Schriftsteller des Altertums, aber auch einige modernere Autoren glaubten, dass die Kanarischen Inseln die letzten sichtbaren und vormals am höchsten gelegenen Überreste eines untergegangenen Kontinents darstellten: Atlantis. Die Guanchen seien demnach die letzten Abkömmlinge der Atlantiden. Mir persönlich gefällt diese schöne Theorie sehr, denn der Bardino würde sich als Hund von Atlantis außerordentlich gut machen.

Auf Fuerteventura traf man u. a. etwas größer und schlanker gebaute Hunde an. Diese Hunde waren wesentlich beweglicher als diejenigen Hunde, denen man auf den anderen Kanarischen Inseln begegnete. Die Guanchen besaßen von Anfang an Bardinos und diese Hunde waren für sie von großer Bedeutung. Die Bardinos halfen ihnen beim Hüten und waren ihnen treu ergeben, beschützten sie und liebten sie. Niemals konnte man diese Hunderasse ausrotten, denn es gab immer Ziegenhirten, die diese Rasse pflegten und vor dem Aussterben bewahrten. Diese Ziegenhirten lebten sehr zurückgezogen, so dass sich ihre urtypischen Bardinos auch niemals nachhaltig mit Hunderassen vermischen konnten, die von den Ausländern eingeführt wurden. Somit blieb der Bardino bis heute für die Nachwelt erhalten. Und dafür bin ich den Ziegen-

hirten sehr dankbar.

Wir Tierschützer von den Kanaren retten die Nachkommen der Guanchen-Hunde vor dem Tod in einer der zahlreichen Perreras (Tötungsstationen) und Sie, lieber Leser, Sie geben diesen Hunden eine zweite Chance und somit ein liebevolles neues Heim fern ab ihrer alten Heimat.

■ Vom Ursprung der Bardinos und ihrer Verwandten
Theorien und Gedanken zur Entstehung einer einzigartigen Hunderasse

Der Ursprung der Bardinos liegt, und darin sind sich alle Bardino-Experten einig, auf der östlichen Kanareninsel Fuerteventura. Tatsächlich gehört Fuerteventura gemeinsam mit Lanzarote und Lobos (ebenfalls Ostkanaren) auch zu den ältesten Inseln der Kanaren.

Die Kanarischen Inseln stehen wie gewaltige einzelne Berge auf dem bis zu 4000 Meter tiefen Meeresgrund, nur Lanzarote und Fuerteventura sind miteinander verbunden. Alle Inseln sind vulkanischen Ursprungs und gehören zu den ältesten noch aktiven Vulkangebieten der Erde.

In der Sagenwelt haben die Kanarischen Inseln seit jeher einen festen Platz, und zwar als die Länder hinter den Säulen des Herkules (wie die Meeresenge von Gibraltar in der Antike genannt wurde), dem Zugang zum Mare Tenebris, dem finsteren Meer. Dorthin haben viele klassische Dichter das Paradies verlegt, die Elysischen Gefilde oder den Garten der Hesperiden. In einigen Berichten ist die Rede von weit im Westen liegenden Inseln, die man auch die „Inseln der Seligen" oder die „Hesperiden" nennt.

Die Hesperiden, verkörpert durch die einzelnen Inseln, waren die Töchter des Atlas, also jenes Titans, der nach dem gescheiterten Aufstand der Titanen gegen die olympischen Götter dazu verdammt wurde, das Himmelsgewölbe zu tragen. Davor war Atlas der König von Atlantis, das von Athen mit Hilfe der Götter besiegt worden war. – So erzählt es der Mythos.

Der griechische Philosoph Platon erzählt, dass sich im Atlantik vor Gades (Cadiz) 9.000 Jahre vor seiner Zeit eine große Insel befunden haben soll, die von einem mächtigen Königreich beherrscht wurde. Nach einem Krieg mit Athen, in dem die „Atlanten" besiegt wurden, ging die Insel mitsamt ihren Bewohnern in einer einzigen Nacht durch ein schweres Erdbeben und eine riesige Flutwelle unter.

Waren auf alten Karten ursprünglich acht Kanareninsel abgebildet, so sind es heute sind nur noch sieben: Fuerteventura, Lanzarote, Hierro, Gomera, La Palma, Gran Canaria, Teneriffa. Die achte Insel soll „San Borondon" geheißen haben, und die Sage erzählt, dass diese Insel nur alle 30 Jahre auftauche, um nach kurzer Zeit wieder zu verschwinden.

Es ranken sich eine Reihe von spannenden Sagen, Geschichten und Gerüchten um die Inselgruppe der Kanaren. Daher ist es für mich kein Wunder mehr, dass auch eine solch faszinierende Hunderasse wie der Bardino seinen Ursprung auf den Kanaren hat. Wie aber sind diese Hunde dort hingekommen? Wer waren die Urväter der Bardinos?

Professor Dr. Luis Felipe Jurado von der Veterinärmedizinischen Fakultät der Universität von Teneriffa nimmt an, dass Hunde bereits vor den Menschen auf den Kanaren waren. Er ist der Überzeugung, dass die Hunde auf Flößen von Afrika auf die Kanaren getrieben wurden. Möglicherweise, so vermutet Professor Jurado, wurden die Hunde nach Überflutungen der Festlandsflüsse auf großen Bäumen, die der Sturm gefällt hatte, auf den Atlantik hinausge-trieben, um schließlich auf den Kanaren zu stranden. Für diese Theorie spricht auch, dass Fuerteventura nur ca. 100 km von Afrika entfernt ist.

Vielleicht waren die „Hunde", von denen Dr. Luis Felipe Jurado berichtet, auch Wölfe, beispielsweise der kleinere indische Wolf. Dieser Wolf hat sich in ganz Arabien und Afrika ausgebreitet. Sein Erbgut findet sich wahrscheinlich in sehr unterschiedlichen afrikanischen Rassen bis hin zum Dingo.

Es gibt aber auch einen anderen Weg, auf dem der erste Bardino (bzw. seine Vorfahren) von Afrika nach Fuerteventura gelangt sein könnte. Man bedenke nur, dass die Ureinwohner der Kanaren, die Guanchen, zwar Hirten und Fischer waren, aber auch den Schiffsbau beherrschten (die Boote wurden vermutlich aus Binsen gefertigt). Somit könnten die Bardinos z. B. in einem Einbaum, den die Guanchen für den Küstenverkehr aus dem Stamm des Drachenbaumes fertigten, den Weg auf die Kanaren gefunden haben.

Ich habe von den Schensihunden erfahren, die ursprünglich u. a. auch aus Afrika gekommen sind. Diese Hunde hatten einen breiten Kopf mit abstehenden

Ohren, eine Säbelrute, sehr lange Gliedmaßen mit großen Pfoten. Ihre Behaarung war kurz und glatt. Schensihunde sind Primitivhunde aus dem tropischen Hackbaugürtel, die zum Teil ohne menschliches Zutun ihr Auskommen finden, aber oft bei und in menschlichen Behausungen leben. Ihrer Domestikationsstufe entsprechend lassen sie sich noch nicht in eigentliche Rassen unterteilen. Vielleicht handelte es sich bei den Hunden, die nach Professor Dr. Luis Felipe Jurados Theorie auf Baumstämmen von Afrika zu den Kanaren getrieben wurden, auch um Schensihunde. Alle seltenen Hunderassen werden unter der Rubrik „Schensihund" geführt. Fast alle Hunde sind kurzhaarig, stehohrig, mit hellen Fellfarben und werden als spitzartige, terrierähnliche und vor allem windhundähnliche Hunde beschrieben. Aber keiner der Schensihunde scheint dem Bardino in irgendeiner Form ähnlich zu sehen.

Professor F. E. Zeuner vom Kanarischen Museum auf Gran Canaria schreibt in einer Studie, dass die „Wilden" (Ureinwohner der Kanaren, die Guanchen, wie sie in verschiedenen alten Schriften bezeichnet und beschrieben werden), auf Fuerteventura mit der Rasse Bardino in Verbindung standen. Weiter erwähnt er in seinem Bericht, dass diese Hunderasse sich definiert durch ihre imposante Erscheinung und Größe durch ihre Fellfärbung, welche, so Professor Zeuner, tigerähnlich gestromt ist und einen grünlichen Fellstich hat. Diese Hunderasse unterscheidet sich seiner Meinung nach von allen anderen Hunderassen auf den Kanaren schon allein durch ihren breiten Kopf. Auch das Archäologische Museum von Teneriffa bestätigt, dass die Guanchen zwei verschiedene Hunderassen bevorzugt gehalten haben. Eine Rasse sei vergleichbar mit dem australischen Dingo (also ähnlich wie ein Schensihund), die andere Hunderasse habe dagegen einen wesentlich breiteren Kopf besessen.

Möglich ist auch, dass die Vorfahren der ursprünglich aus Afrika stammenden Hunde von „Besuchern" aus Afrika mitgebracht worden sind. Ein Beispiel dafür ist der Rhodesian Ridgeback, eine aus dem südlichen Afrika stammende Hunderasse. Bereits im Jahre 1480 wird der Hund mit dem Rückenkamm in ersten portugiesischen Berichten aus dem südlichen Afrika als das einzige Haustier des Stammes der Hottentotten erwähnt und als „überaus brauchbar und treu" beschrieben. Auch in den Berichten über die Lebensbedingungen in Südafrika, die der Gelehrte Theal im Jahre 1505 verfasste, wird der Hottentotten-Ridgeback erwähnt. Keine Erwähnung findet allerdings die Farbe der Hunde!

Der Rhodesian Ridgeback war nicht nur ein zuverlässiger Wächter der Hütten und Herden, sondern kam vor allem auch bei der Löwenjagd zum Einsatz, denn die Löwen waren für die Eingeborenen eine ständige Bedrohung ihrer Existenzgrundlage.

Als die ersten Siedler Mitte des 17. Jahrhundert ihre eigenen europäischen Hunderassen nach Afrika mitbrachten, begannen sie mit Züchtungen und gezielten Einkreuzungen lang bewährter europäischer Rassen.

Einige Bardino-Experten der Kanaren bezeichnen den Bardino als autochthone Hunderasse. In diesem Zusammenhang bedeutet dies, dass der Bardino auf den Kanaren beheimatet ist und sich dort über mehrere Generationen zu einer eigenständigen Rasse entwickelt hat. Der Bardino hat sich den Bedingungen der Kanaren und seinen speziellen Aufgaben (bewachen und hüten) perfekt anpassen können. Insbesondere die karge Umgebung seiner Heimat hat diese Hunderasse im Wesentlichen geprägt. Die Mensch und seine „Zuchteingriffe" waren weniger oder kaum ausschlaggebend für die Entwicklung und Verbreitung des Bardinos, der Hund ist somit „unverfälscht".

Man geht also davon aus, dass der Bardino ohne gezielte Zuchteingriffe so wurde, wie er heute ist. Daher schreibe ich in diesem Buch auch oft „Urtyp Bardino", denn die Bardinos sind tatsächlich noch so, wie die Konquistadoren (spanischen und portugiesischen Eroberer) sie im 16. Jahrhundert n. Chr. beschrieben haben.

Viele Ziegenhirten aus Fuerteventura arbeiteten auf den anderen Kanareninseln und nahmen natürlich ihre Bardinos zum Hüten der Ziegen und Schafe mit. So gelangte der Bardino von Fuerteventura auf alle Kanareninseln.

Wahrscheinlich haben portugiesische, italienische und spanische Seefahrer im frühen Mittelalter auf ihren ersten Reisen auch ihre Hunde mitgenommen. Später wird so mancher Hund auf den Kanaren zurückgeblieben sein, vielleicht auch in einer Art Tausch, wie es im 15. Jahrhundert üblich war, vielleicht aber auch als Geschenk für die Einheimischen. Denn die Kanaren waren lange Zeit eine wichtige Station auf der Reise nach Amerika, nicht nur zur Proviantaufnahme für den weiteren Weg zum „Neuen Kontinent", sondern möglicherweise auch für die verschiedensten Tauschgeschäfte.

Auch der spanische Mastin Español (die spanische Dogge) wird immer wieder in Zusammenhang mit dem Bardino gebracht. Seit jeher gelten der Bardino, der Perro de Presa Español sowie der Perro de Presa Malloquin allgemein als nächste Verwandte des Mastin Español.

Der Mastin ist ein großer Wach- und Schutzhund, ebenso auch ein vorzüglicher Hirtenhund. Seine Widerristhöhe liegt zwischen 72 und 77 cm. Er hat doppelte Wolfskrallen. Diese doppelten Wolfskrallen, die typisch für den Urtyp des Bardinos sind, weisen auch die beiden französischen Hütehunderassen auf, der Briard (auch Berger de Brie) und der Beauceron. Ebenso haben auch einige Herdenschutzhunderassen doppelte Wolfskrallen.

Der portugiesische Cao de Castro Laboreiro ist meiner Meinung nach mit dem Bardino verwandt. Immerhin birgt sich um die Herkunft des Cao de Castro genauso viele Geheimnisse wie die Herkunft des Bardinos. Der Cao de Castro Laboreiro ist ein vorzüglicher und furchtloser Hütehund und gehört zu den ältesten Hunderassen der Iberischen Halbinsel. Die Rasseherkunft der Caos liegt wohl in dem portugiesischen Dörfchen Castro Laboreirro. Sie werden geschätzt als ausgezeichnete Wach- und Schutzhunde für Herden und Höfe und sind zäh und arbeitswillig.
Gegenüber Familienangehörigen sind sie anhänglich, gegenüber Fremden abweisend und misstrauisch. Sein Bellen gilt als Furcht erregend. Die Hunderasse der Cao de Castro Laboreiros ist vom F.C.I. (Fédération Cynologique Internationale) anerkannt. Die Größe der Caos liegt bei Rüden zwischen 55 und 60 cm und bei Hündinnen zwischen 52 und 57 cm. Der Cão hat, wie der Bardino, Katzenpfoten und einfache oder doppelte Wolfskrallen. Schon rein optisch ist der Cão de Castro Laboreiro dem Bardino sehr ähnlich.

Auch der robuste und instinktsichere Azoren Cattle Dog, der Cão de Fila de São Miguel, ist eine uralte portugiesische Treibhunderasse, deren Ursprung – wie der Name vermuten lässt – auf der Azoreninsel São Miguel liegt. Bei diesem Hund, auch bekannt als „Fila San Miguel" oder „Kuhhund", handelt es sich um einen idealen Arbeitshund. Seefahrer aus Europa, Afrika und Amerika hatten gleichzeitig mit dem Vieh auch geeignete Hütehunde auf die Insel mitgenommen, die das Vieh zusammenhalten sollten. Aus der Kreuzung dieser Hunde ist schließlich der Cão de Fila de São Miguel hervorgegangen.

Man sagt, ein Azoren Cattle Dog kann in jedem Gelände das Vieh zusammenhalten. Ebenso wie der Bardino verliert er nie den Überblick und passt sich auch steinigem Boden problemlos an. Beim Treiben beißt er dem Vieh von hinten in die Fesseln, ohne das Tier zu verletzen. Neben seinen hervorragenden Treibhundfähigkeiten besitzt er alle Qualitäten eines außerordentlich guten Wach- und Schutzhundes, er ist sehr intelligent und aufnahmefähig. Meist hat der Cão de Fila de São Miguel eine kurze Rute, auch Wolfskrallen sind keine Seltenheit. Er ist stark auf seine Besitzer fixiert und ihnen treu ergeben. Wie der Bardino ist diese Hunderasse immer gestromt. Leider werden dem Cão de Fila de São Miguel noch heute in seiner Heimat häufig nicht nur die Rute (wenn zu lang), sondern auch die Ohren (rund) kupiert. Dies soll ihm ein leopardenähnliches Aussehen geben. Auch der Cão de Fila de São Miguel hat einen sehr geringen Jagdtrieb. Auch hier würde ich eine Verwandtschaft mit dem Bardino nicht ausschließen.

Alle drei Hunderassen – der Cão de Castro Laborerio, der Azoren Cattle Dog und der Mastin Español – werden von mir sehr geschätzt und kommen meiner Meinung nach als Verwandte des Bardinos in Frage.

Zur Zeit der Konquistadoren wurden wohl auch die doggenartigen Hunde des Festlandes mit den einheimischen Inselwachhunden gekreuzt. Waren diese in verschiedenen Quellen erwähnten Inselwachhunde nun schon Bardinos oder handelte es sich doch noch um eine andere Hunderasse? Ich nehme an, dass hier schon der alte Schlag des Presa Canario seinen Ursprung hatte und dieser auch in den mir bekannten Schriften gemeint ist.

Im 19. Jahrhundert wurde durch englische Einwanderer die Mastiffs und Bulldoggen des alten Typs mit auf die Kanaren gebracht und dort mit dem Bardino Majorero „vermischt". Daraus soll der heutige Presa Canario entstanden sein. Die Lager der Züchter auf dem spanischen Festland und den Kanaren haben sich inzwischen gespalten: Die einen züchten nun den Dogo Canario und die anderen ihren alten Presa-Canario-Schlag.

Der einzige Hund, aus dem - schriftlich auf den Kanaren hinterlegt - der Bardino gezielt eingezüchtet wurde, ist der Prea Canario.

Weit verbreitet ist auch die These, der Bardino sei ursprünglich nicht als „Rasse" gezüchtet worden; vielmehr habe man mit sehr großer Sorgfalt die Hunde ausgesucht, die zur Weiterzucht verwendet werden sollten, um aus ihrem äußeren Erscheinungsbild und ihrem Wesen als Hütehund das Beste herauszuholen. Nur die intelligentesten, kräftigsten und vitalsten Tiere seien aufgezogen und zur Weiterzucht verwendet worden. Erst später in der modernen Rassehundezucht habe man auf den Standard geachtet und den Standard des Bardinos festgelegt.

Es ist nicht bekannt oder schriftlich hinterlegt, dass man gezielte Kreuzungen von unterschiedlichen Hunderassen aus Fuerteventura gemacht hat, um einen bestimmten Hundetyp zu bekommen. Dies bedeutet, dass die Guanchen nicht gezielt eine spezielle Hunderasse gezüchtet haben. Vielmehr ist bekannt, dass die Guanchen einen bestimmten Hundetyp beibehalten haben und sich der Bardino dadurch in der Optik gefestigt hat.

Insgesamt betrachtet (und als Resümee aus den mir verfügbaren Informationen zum Ursprung des Bardinos) spricht doch einiges dafür, dass vor allem der portugiesische Cão de Castro Laboreiro und der Azoren Cattle Dog zu den nahen Verwandten des heutigen Bardinos gehören könnten. Für mich ist es auffallend, dass es gewisse Ähnlichkeiten gibt unter denjenigen Hunderassen, die ihren Ursprung in Ländern hatten, aus denen die Seefahrer kamen, um die Kanaren zu besuchen. Es sind einerseits keine „üblichen" Rassemerkmale, die bei „allen" Hunderassen zu finden sind, und andererseits sind es schon auch charakteristische Merkmale, die sich bei dem Bardino widerspiegeln, wie z. B. dieses Misstrauen gegen Fremde, das tiefe Bellen und die innere Ruhe, welche die Hunde ausstrahlen ... Dies alles ist bei den beschriebenen Hunderassen durch die Bank weg vorzufinden. Ein Zufall?

Stellen Sie sich einmal bildlich den Azoren Cattle Dog, den Cão de Castro Laboreiro und den Mastin Español vor. Mischt man diese Hunde nun miteinander, käme dann nicht ein Hund heraus, der wie ein Bardino aussähe? Alle drei Rassen haben etwas gemeinsam, was wir auch bei den Bardinos vorfinden: Alle sind Wach-, Hüte- und Familienhunde, sind ausdauernd und misstrauisch, haben ein tiefes Bellen und Knurren, sie werden zum Hüten von Tieren und Bewachen eingesetzt. Genau wie der Bardino.

Der Schriftsteller und Historiker José de Viera y Clavijo, der in Realejos Alto 1731 geboren und 1813 in Las Palmas gestorben ist, beschreibt die Bardinos wohl am treffendsten: „ ... abgesehen von seiner grazilen Gestalt, seiner Lebhaftigkeit, seinem Mut und seiner Schnelligkeit, besitzt er jenes feine und seltene Gefühl, das es ihm gestattet, mit dem Menschen in Beziehung zu treten. Der Bardino versteht die Würde des Menschen, kämpft für dessen Sicherheit, gehorcht und hilft ihm, verteidigt ihn und liebt ihn ... und weiß genau, wie er sich die Liebe seines Besitzers erwerben kann."

Es wird kaum endgültig nachweisbar sein, aus welchen Rassen der Bardino entstanden ist oder welche Rassen aus dem Bardino entstanden sind. Dazu existieren mittlerweile einfach zu viele Theorien. Dass die Bardinos die letzten Hunde von Atlantis sind, würde meiner Faszination natürlich sehr entgegenkommen.

Fakt ist, als die ersten Europäer nach Fuerteventura kamen, gab es bereits gestromte Hunde auf der Insel.

Wer immer die Vorfahren der Bardinos waren, es waren außergewöhnliche Hunde. Ihr Erbgut sorgte für die Entstehung einer der faszinierendsten Hunderassen der Weltgeschichte.

■ Mythen, Sagen, Legenden und Erzählungen der Guanchen

Natürlich gibt es auch eine Vielzahl von Sagen und Geschichten, die sich um das Leben der Guanchen und um die Bardinos ranken. Diese möchte ich meinen Lesern natürlich nicht vorenthalten, erzählen sie doch so einfühlsam und vielfältig von den Erlebnissen, Situationen und Vorstellungen, die den Charakter und das Zusammenleben dieser Menschen und Hunde auf den Kanaren geprägt haben.

Die Eroberer aus Kastilien, der zentralen Hochebene Spaniens, leisteten sich über Jahre erbitterte Kämpfe mit den Guanchen, den Ureinwohner der Kanaren. In diesem Zusammenhang steht auch eine Sage, die eine Begründung dafür gibt, wieso die Hunde der Guanchen „Verdino" (verde - grün) genannt wurden.

■ Der Verdino

Als die Kastilier die Kanaren erobern wollten, dachten sich die Guanchen zahlreiche listige Strategien aus, um die Kastilier zu überrumpeln und zu täuschen. Die Guanchen kämpften gemeinsam mit ihren Hunden gegen die verhassten Castellanos (Kastilier). Um die Kastilier einzuschüchtern, färbten die Guanchen das Fell ihrer Hunde mit dem grünen Saft des heiligen Baumes Drago* und der Pflanze Tajinaste* ein. Somit sollen aus den ursprünglich großen weißen Hunden grüne Hunde geworden sein, und die Guanchen nannten ihre Hunde fortan „Verdino" (verde - grün).

Die Sage berichtet weiter, dass diese grün gefärbten Tiere bei den Truppen der Kastilier große Panik verursachten.

Bedenkt man, dass der Mythus des Hundes „Cancerbero" (spanisch) angeblich auf den Kanaren entstand, so ist es kein Wunder, wenn die Kastilier die Hunde der Kanaren fürchteten (Kerberos, lat. Cerberus, auch Zerberus = der dreiköpfige Hund, der in der griechischen Mythologie als Höllenhund und Torhüter den Eingang zur Unterwelt bewachte!).

Für die Guanchen waren Hunde die Aufpasser des Jenseits, verwilderte Hunde lebten beispielsweise in vulkanischen Höhlen, die für die Guanchen eine dunkle

Welt, das Jenseits, bedeuteten. Diese Hunde sollen zwar gleichfarbige Ohren gehabt haben, aber Gesicht oder Stirn waren andersfarbig. Somit wirkten sie aus der Ferne wie Tiere mit 3 Köpfen. Die Portugiesen und die Kastilier hatten bei Angriffen gegen die Guanchen immer auch gegen deren Hunde zu kämpfen, die – treu bis zum Tod – ihre Herren beschützten. Bei diesen Kämpfen war es üblich, dass der tote Krieger zusammen mit seinem toten Hund begraben wurde.

Die Hunde, die den Kampf überlebt hatten, mussten jedoch häufig ohne ihren Herrn weiterleben und sind im Laufe der Zeit verwildert. Man nannte diese Rasse damals „Gran Perro de Ovejas de Canarias" (großer kanarischer Schäferhund: gran, Kurzform für grande, - groß, perro - Hund, oveja - Schaf, Canaris - Kanaren).

Zu den Kastiliern ist ergänzend noch zu sagen, dass sie sich bei der Eroberung auch einiges einfallen ließen, um die Guanchen einzuschüchtern. Sie vergifteten zum Beispiel die Süßwasserbrunnen der Guanchen. An dieser systematischen Vergiftung der spärlich vorhandenen Süßwasserbrunnen mussten viele Guanchen, gemeinsam mit ihren Hunden, Schafen und Ziegen sterben.

(*Die Blattrosette, Tajinaste Rojo, ist die auffälligste Natternkopfart und das Symbol von Teneriffa: „Orgullo de Teneriffe" (Stolz Teneriffas). Sie bildet einen bis zu 400 cm hohen, zylindrischen Blütenstand mit Tausenden dunkelroten Einzelblüten, die nach unten spiralförmig angeordnet sind.)

(*Drago - der Drachenbaum (Drago milenario) ist botanisch kein Baum, sondern eine Agave. Im Nordwesten von Teneriffa steht der mindestens 1000 Jahre alte und 17 Meter hohe Drachenbaum von Icod de los Vinos, der schon seit Jahrhunderten Botaniker und Laien begeistert. Normalerweise wird ein Drachenbaum wenige Meter hoch und maximal einige Hundert Jahre alt. Warum das Agavengewächs in Icod de los Vinos so hoch und so alt ist, kann niemand erklären.)

Der Wolf im Schafspelz

Nun eine Guanchenerzählung, deren Titel mir nicht bekannt ist, die ich aber „Der Wolf im Schafspelz" genannt habe:

Vor vielen Jahren gab es in Helera (El Hierro) mehrere Guanchen-Königreiche. So geschah es eines Tages, dass ein Prinz mit seinem Gefolge in die Gärten des Königs Zanarife eindrang, um dort Ziegen und Schafe grasen zu lassen. König Zanarife war empört und versuchte, den Eindringlingen klar zu machen, dass dies nicht erlaubt sei. Doch anstatt sich beim König zu entschuldigen und seine Gärten zu verlassen, ermordeten die Eindringlinge ihn mit einem Crosser (Bumerang ähnliche Waffe).

Als die Kinder von König Zanarife von dem Unglück erfuhren, beauftragten sie zwei Bauern, sich auf den Weg zu machen, um den Gott Idaffe um Rat zu fragen. Dieser machte den Vorschlag: „Bald feiern die Eindringlinge zu Ehren ihres Gottes Agora das Palmenfest! Da werdet ihr sie schlagen!"

Mit dieser Neuigkeit und einem Ratschlag mehr machten sich die Bauern auf dem Weg zu den Königskindern und berichteten, was ihr Gott Idaffe ihnen geraten hatte. Daraufhin bedeckten sie einen gezähmten Bardino mit einem Schafsfell und schickten ihn - getarnt, als wäre er der Dämon Iguave persönlich – in die Gärten. Die Eindringlinge, die sich noch immer dort aufhielten, erschraken sich so sehr, dass sie Hals über Kopf die Flucht ergriffen, ohne sich noch einmal umzudrehen.

(Nacherzählt von Cecilia Wittwer, Finca Esquinzo, Tindaya, Fuerteventura)

■ Entstehung der Welt –
Vom Kampf der bösen Götter gegen die Kreaturen im Sand

Die Guanchen hatten wie alle Naturvölker ihre eigene Vorstellung von der Entstehung der Welt. Man findet im Internet eine kleine Videoanimation über die Entstehung der Welt aus der Sicht der Guanchen: „La creación del mundo guanche" (Die Entstehung, der Ursprung der Guanchen-Welt).
Leider nur auf Spanisch:

Die Kreaturen im Sand machen Musik und singen, was wiederum den Göttern gefällt. Zum Dank schicken die Götter Felsen für eine neue Erde, und der größte Felsen wird Teide* genannt. Doch irgendwann trat wieder die große Dunkelheit ein. Riesige Tiere mit riesigen Zähnen kamen und raubten die gesamte Ernte, und ein anderes komisches Tier schloss die Sonne im Teide ein. Die Menschen kämpften gegen die Hunde der dunklen Welt und das große Tier auf dem Berg. Zum Glück gelang es schließlich einem kleinen Mädchen, in den Berg hinein-zulaufen und die Sonne zu befreien. Als die Sonne aus dem Berg herauskam, entstiegen dem Berg auch Feuer, Rauch, Steine, Asche, ...
Das Getöse dauert 10 lange Tage. Danach war die neue Erde fertig.

(Nacherzählt von Iris Overbeck, Corralejo, Fuerteventura
*Der Pico del Teide ist mit 3.718 Metern die höchste Erhebung auf Teneriffa und damit höchster Berg auf spanischem Staatsgebiet.)

■ El Salto del Enamorado –
Der Sprung des Liebenden
Die nachfolgende Geschichte ist eine traurige Liebesgeschichte:

Vor vielen Jahren lebte in dem Ort Puntallana auf La Palma ein junges Mädchen aus wohlhabendem Haus. Die Natur hatte sie mit einer außergewöhnlichen Schönheit beschenkt. Ein junger Hirte war, ebenso wie viele andere, von ihren Reizen betört und nutzte jede Gelegenheit, ein Auge auf sie zu werfen, sobald sie das Haus verließ.

Aus der Ferne himmelte er sie an, war sich dabei aber bewusst, dass seine soziale Stellung eine Beziehung niemals zulassen würde. Seiner Leidenschaft konnte er nur in seinen Träumen Leben einhauchen. Eines Sonntags, als die junge Schönheit aus der Kirche kam, trat sie auf ihren Verehrer zu und versprach sich mit ihm zu vermählen, wenn er es schaffen würde drei Mal über einen Abgrund zu springen, der unterhalb von La Galga lag.

Natürlich ging sie davon aus, dass der Hirte niemals den Mut aufbrächte, den Sprung zu wagen. Umso erstaunter war sie, als er am nächsten Morgen alle Nachbarn zusammentrommelte, damit sie Zeugen seiner Heldentat werden würden. Mit einer Lanze in der Hand ging er auf den Abgrund zu und katapultierte seinen Körper mit einem gewaltigen Sprung in die Luft. „Por los aires de Dios" (Durch die Lüfte Gottes) rief er, während sein Körper durch die Luft flog. Aber sein Schwung war nicht groß genug, um den klaffenden Abgrund zu überwinden. Er zerschellte in der Tiefe. Sein Leichnam wurde niemals gefunden. Man erzählt sich, dass die junge Frau von der Tragödie, die ihretwegen geschah, zutiefst erschüttert wurde. Sie soll verrückt geworden sein und das Haus nur noch verlassen haben, wenn eine Beerdigung stattfand. Dann lief sie um den Sarg und rief in tiefer Verzweiflung den Namen des Hirten, in dem Glauben, er sei darin verborgen.

(Quelle: Teneriffas Neue Presse, vom 25. Oktober 2006)

■ Die Geschichte meiner Hündin Ico.

Die nachfolgende Geschichte erklärt, warum wir unsere Bardina auch „Prinzessin" nennen:

Der Veterinärchirurg Dr. Enrique Rodriguez Grau Bassas aus Gran Canaria erzählte mir vor Jahren in einem Schriftwechsel, dass seine „Bardino auténtico"-Hündin aus Fuerteventura stamme und er für die Universität Córdoba grundlegende Forschungsarbeiten an dieser alten Rasse geleistet habe. Diese Hündin heißt „Ico", benannt nach einer sagenhaften Prinzessin von Lanzarote, Tochter einer Guanchen-Königin und eines spanischen Adeligen. Natürlich hat mich die Geschichte der Prinzessin Ico interessiert und später haben wir, meine Familie, beschlossen, unsere eigene Bardina ebenfalls nach dieser Prinzessin zu benennen. Wir veränderten aber einen Buchstaben, weil Dr. Enrique Rodriguez Grau Bassas' Hündin bereits Ico hieß und wir es für besser hielten, unsere Bardina dann ein wenig abweichend „Icu" zu nennen.

■ Der Zauber der Ico

Ein heftiger Sturm trieb im 14. Jahrhundert das Schiff des Spaniers Martín Ruiz Avendaño an die Ufer Lanzarotes. König Zonzamas, der große König der Insel, empfing den Fremden mit großer Gastfreundlichkeit. Martín blieb für einige Zeit auf dem schönen Eiland, von dessen Herzlichkeit er angenehm überrascht war. Aber es gab für ihn noch einen weiteren Grund, nicht wieder in See zu stechen, dieser Grund hieß „Fayna". Fayna war die Königin Lanzarotes und ihre außergewöhnliche Schönheit verzauberte den Kapitän vom ersten Augenblick an. Neun Monate nach seiner Ankunft schenkte die Königin einem Mädchen das Leben, das sie „Ico" nannte. Die Tatsache, dass das Baby eine helle Haut und blonde Haare hatte, ließ die Menschen munkeln, dass sie die Frucht der Liebe zwischen Fayna und dem Fremden war. Kurze Zeit darauf legte Martín, der Spanier, ab und wurde nie wieder gesehen.

Als König Zonzamas starb, folgte ihm sein Erstgeborener Tiguafaya auf den Thron. Doch dem jungen König war nur eine kurze Regentschaft beschieden. Er fiel Piraten in die Hände, die damals die Ozeane unsicher machten. Gemeinsam mit seiner Frau und sechzig weiteren Inselbewohnern wurde er als Sklave verkauft. Dadurch wurde sein Bruder Guanareme neuer Herrscher über Lanzarote. Er hatte sich mit seiner Schwester Ico vermählt, eine Tradition, die zur damaligen Zeit durchaus üblich war. Aber auch ihm war nicht viel Glück beschieden.

www.Bardino.de

Er fiel im Kampf bei einem Überfall von Sklavenhändlern. Der Sohn der beiden, Guadarfía, sollte nun zum neuen König ernannt werden.

Das war Atchen, einem mächtigen Gouverneur der Insel, ein Dorn im Auge. Weil Ico nicht das leibliche Kind ihres Vaters Zonzamas, sondern vielmehr die Tochter eines fremden Spaniers war, forderte er offiziell die Krone für sich ein. Daraufhin versammelten sich die Weisen und Adeligen und kamen zu dem Schluss, dass Ico sich einer Prüfung unterziehen solle, um ihr edles Blut zu beweisen. Man brachte Ico, gemeinsam mit drei anderen Frauen, zu einer Höhle. Vor dem Eingang wurde ein Feuer aus grünen Blättern entzündet und der Rauch in die Grotte zu den Frauen gewedelt. Sollte Ico überleben, sollte dies der untrügliche Beweis ihrer Unschuld und königlichen Abstammung sein.

Als das Feuer verglüht war und die Adeligen die Höhle betraten, fanden sie drei Frauenleichen vor. Hinter ihnen aber stand Ico, aufrecht, mit vom Ruß geschwärzten Körpern und herausfordernden Blicken. Würdevoll schritt sie an ihnen vorüber in das rote Licht des Sonnenuntergangs. Sie hörte das erstaunte Raunen und Munkeln der Menge, als sie ihren Sohn Guadarfía in den Arm nahm, der nun rechtmäßiger König über die Feuerinsel wurde.

Nur einige wenige wussten, dass es für das Wunder eine einfache Erklärung gab: Bevor Ico die Grotte betrat, hatte ein alte Frau, die Ico sehr zugetan war, ihr einen nassen Schwamm in die Hand gedrückt. Sie wies Ico an, ihn in den Mund zu nehmen und nur durch den Mund zu atmen. Ico folgte dem Rat der Alten und rettete so ihr Leben.

Und genau so schlau und mutig ist auch unsere Bardina „Icu".

(Quelle: Teneriffas Neue Presse, vom 15. November 2006)

▪ Leben und Tod eines treuen Bardinos

Ein etwas moderneres „Märchen", das ich im Internet gefunden habe, nennt sich im Original: „Vida y Muerte de un Bardino fiel a sus principios de Bardino" (Leben und Tod eines Bardinos - treu seiner Bardino-Prinzipien). Leider nur in Spanisch:

Auf einer Finca in der Nähe von Cotillo lebte ein Bardino. Weil er aber so faul war und immer nur schlafen wollte, setzte der Besitzer ihn aus. Den Bardino störte es nicht sonderlich. Er legte sich wieder hin und schlief.

Eines Tages wurde er eingefangen und in eine Perrera gebracht und eingesperrt. Den Bardino störte es nicht sonderlich. Er legte sich hin und schlief.

Tage später kam der König von Tiscamanita* mit seinen Kindern in die Perrera und suchte ein Geburtstagsgeschenk. Er nahm den Bardino. Die Kinder waren glücklich und wollten spielen. Aber den Bardino interessierte das nicht. Er legte sich hin und schlief. Also wurde er geköpft, und sein Kopf rollte über die Insel, bis der König ihn in ein Grab mit einem Grabstein legte, aber auch dieser Grabstein legte sich hin.

Im Himmel bekam der Bardino eine Harfe und Flügel, damit er überall hinfliegen konnte. Aber das interessierte ihn nicht sonderlich. Der Bardino legte sich auf eine Wolke und schlief, und fortan hat ihn niemals wieder jemand gestört.

Der Name des Königs wurde nicht genannt. Es gab um 1700 zwei berühmte Guanchen-Könige auf Fuerteventura. Das Reich des Königs Guize erstreckte sich bis Maxorata, das Königreich Ayozes umfasste das südliche Gandía (heute Jandía).

*Tiscamanita ist ein kleiner Ort bei Tuineje, Fuerteventura.

(Nacherzählt von Iris Overbeck, Corralejo, Fuerteventura)

Die 1984 erschienen Trilogie des Canarios Albreto Vázquez-Figueroa (geboren 1936 in Santa Cruz de Tenerife „Océano, Yaiza und Maradentro" hat mich begeistert, vor allem weil er in seinem Buch „Océano" mehrmals den Ziegenhirten El Triste und seine Bardinos erwähnt. Alberto Vázquez-Figueroa beschreibt die Bardinos wie folgt: "Seine Hunde, zwei Bardinos, deren Vorfahren mehr als tausend Jahre vor Armida* und Reinaldo* auf der Insel gelebt hatten, folgten ihm auf Schritt und Tritt. Sie waren wie seine Schatten, glichen ihm bis ins kleinste Detail: hager, langbeinig, traurig und leise."

* Die Legende von Amida und Reinaldo:
Die Legende sagt, dass Armida, eine Zauberin oder Hexe, Reinaldo, einen Ritter auf der Suche nach dem heiligen Gral, mit magischen Kräften verführt hat und ihn jahrelang von seiner von Gott auferlegten Mission abgehalten hat. Auch bei dieser Legende wurden die Bardinos erwähnt.

*Am Anfang erschuf Gott den Menschen,
aber als er sah, wie schwach er war,
gab er ihm den Hund.*

(Alphonse Toussenel, 1803-1885)

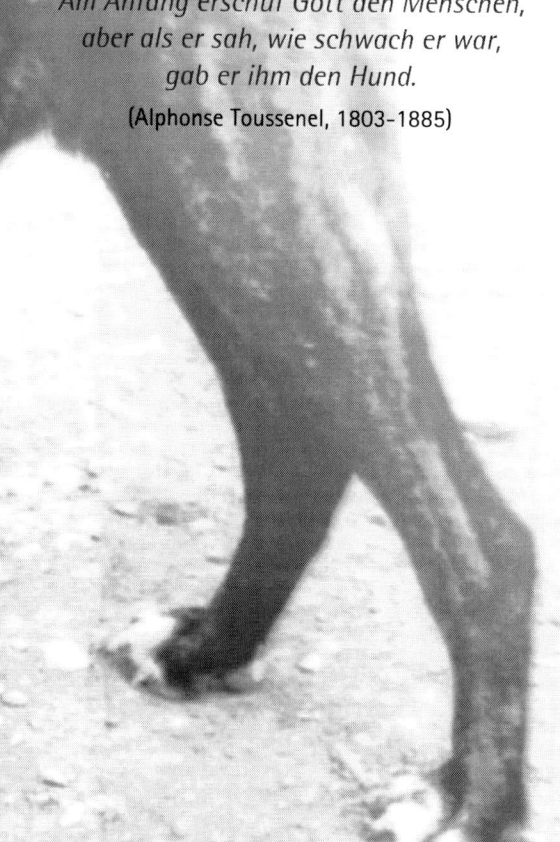

■ Gestromte Hunderassen

Immer wieder erhalte ich schöne Hundefotos von stolzen Hundebesitzern, die in ihrem Hund fälschlicherweise einen „Bardino" oder einen „Bardino-Mischling" sehen und diesen von einem Tierheim oder einem Tierschutzverein „jenseits" der Kanaren vermittelt bekommen haben. Teilweise wird von Tierschutzvereinen oder Tierheimen aus Unwissenheit ein gestromter Hund fälschlicherweise als „Bardino" oder „Bardino-Mischling" ausgegeben. Dahinter muss sich auch überhaupt kein böser Wille verbergen, im Gegenteil.

Einige dieser Hundebesitzer gingen auch einfach davon aus, dass jeder gestromte Hund aus dem Ausland ein Bardino sein muss. Ganz so einfach verhält sich die Sache nun aber nicht. Deshalb möchte ich an dieser Stelle die weniger bekannten, ebenfalls gestromten Hunderassen vorstellen, die dem Bardino in gewisser Hinsicht ähnlich sehen. Gerade die wunderschönen „wilden" Mischungen, bei denen etwa schon die Elterntiere Mischlinge waren, kann jeder, der sich mit der Hunderasse Bardino nicht intensiver befasst hat, für einen Bardino-Mischling halten. Hier ist es oft so, dass der Bardino nicht einmal als „Taufpate" zur Verfügung gestanden hat, weil z. B. der Mischling aus einer Region oder einem Land stammt, in welcher der Bardino überhaupt nicht gezüchtet wird.

Da es sich hier um ein Buch über Bardinos handelt, werde ich keine Fotos der unten genannten Rassen zeigen. Bitte suchen Sie im Internet nach den Rassen. Sie werden dort garantiert sofort fündig.

■ Cão de Castro Laboreiro
Der Perro de Castro Laboreiro ist eine typisch portugiesische Hunderasse, die ihren Namen von dem Dorf Castro Laboreiro hat. Der Cão de Castro Laboreiro ist ein Hüte-, Arbeits- Wach- und Familienhund. Er wird in Portugal als Wächter und als Hüte- und Herdenschutzhund eingesetzt. Als Herdenschutzhund geht der Cão de Castro Laboreiro auch eine enge emotionale Bindung mit seinem Herrn ein. Wie der Bardino ist er gegenüber Fremden wachsam und reserviert. Rüden werden etwa 55 bis 60 cm hoch, Hündinnen 52 bis 57 cm, Gewicht bis zu 40 kg. Die Fellfarbe ist Wolfsgrau in allen Abstufungen, von hellen über mittlere zu dunklen Tönungen, wobei die letztere am häufigsten vorkommt.

Die beliebteste Farbe, lokal „Bergfarbe" genannt, welche von den Züchtern in Castro Laboreiro als die charakteristische Urfarbe angesehen wird, ist ein zusammengesetztes gräuliches Wolfsgrau mit sehr dunklen oder weniger dunklen Farbstufen, nicht schwarz, wobei braunes (Farbe der Piniennuss) oder rötliches Haar (Mahagonifarben) teilweise oder über den ganzen Körper „eingestreut" ist.

■ **Anmerkung:** Dieses „Einstreuen" sieht wie eine Stromung aus.
Durch die Vernachlässigung der Rasse durch Züchter und die portugiesische Bevölkerung lassen sich heute in Portugal drei Ausprägungen dieser Rasse unterscheiden, der „reine Showdog"-Züchter, der eher seltene Arbeitshund von den Bergen Castro Laboreiros und der Mischling. Die Rasse ist stark, wachsam, hat Ausdauer und eine klangvolle, imponierende Stimme. Der Cão de Castro Laboreiro ist ein sehr guter Wachhund, braucht aber energische, sachkundige Führung. Kein Anfängerhund.

■ **Perro de PRESA CANARIO, die Kanarische Dogge**
Der Presa Canario ist ein Haus-, Hof-, Begleit-, Arbeits-, Schutz- und Familienhund. Er wurde erstmals im 16. Jahrhundert geschichtlich erwähnt. Im 18. Jahrhundert besiedelten Einwanderer aus Großbritannien die Kanaren und brachten ihre Bulldoggen des älteren Schlages und Mastiffs mit. Diese Rassen wurden vermutlich mit dem Bardino Majorero und dem Cao de Castro Laboreiro gekreuzt, woraus der Presa Canario hervorgegangen sein soll.
Auf den Kanaren gilt der Presa Canario als „Nationalhund". Der Presa Canario ist ein muskulöser Hund, ca. 55 bis 65 cm groß und wiegt zwischen 40 und 50 kg. Die Fellfarbe ist gestromt, falb, etwas weiß zulässig.

Der Presa Canario hat einen kräftigen Schädel. Oft werden dem Presa Canario auf den kanarischen Inseln die Ohren kupiert. In der Rudelhaltung zeigen sie in der Regel ein gutes Sozialverhalten gegenüber ihren Artgenossen.
Kein Anfängerhund.

■ Cão de Fila de São Miguel

Azoren Cattle Dog auch „Kuhhund" genannt

Der Cão de Fila de São Miguel wird auch den Hütehunderassen zugeordnet. Das mittelgroße Kraftpaket hat ein außerordentliches Temperament und lässt sich gut als Wach-, Arbeits-, Sport- und Begleithund einsetzen.

Der Cão de Fila de São Miguel ist eine alte portugiesische Hunderasse. Wie der Name schon vermuten lässt, stammt dieser Hund von der Azoreninsel São Miguel. Die Ohren werden auch heute noch rund kupiert. Die Farbe des kurzen Haares ist meist braun oder aschgrau gestromt, weiße Abzeichen an Brust und Pfoten sind erlaubt. Die Cão de Fila de São Miguel-Hündin wiegt bei einer Größe von 48 bis 58 cm im Durchschnitt 20 bis 30 kg, der Rüde hat bei einer Größe von 50 bis 60 cm im Durchschnitt 25 bis 35 kg.

Der Fila San Miguel braucht, ebenso wie der Bardino, eine freundliche, aber dennoch konsequente Erziehung. Er lässt sich sehr gut erziehen und lernt sehr schnell. Fremden gegenüber verhält er sich, wiederum wie der Bardino, eher misstrauisch. Kein Anfängerhund. Wenn Sie sich Hunde dieser Rasse ohne kupierte Ohren ansehen, werden Sie wissen, warum ich diese Hunderasse erwähne.

■ Mastin Español

Als großer Herdenschutzhund wird der Mastin Español oft auch als Wach-, Schutz- und Familienhund gehalten. Der Mastin Español ist ein ruhiger und ausgeglichener Hund, der auf jeden Fall Familienanschluss sucht und braucht. Er wiegt 50 bis 60 kg bei einer Schulterhöhe von mindestens 72 cm (Hündin) bzw. 77 cm (Rüde). Sein Fell ist meist einfarbig gelb, löwenfarbig rot, schwarz, wolfsgrau, hirschrot, gestromt und gescheckt. Schon im 12. Jahrhundert wurde der Mastin Español in Spanien dazu gebraucht, die großen Schafherden im Norden des Landes vor den natürlichen Feinden wie Wölfen, Bären und sonstigen „Viehdieben" zu schützen. Auch heute noch leistet der Mastin Español wertvolle Dienste für die Wanderschäfer in Spanien. Je nach Größe der Schafherde wird diese von 5 bis 25 Hunden begleitet. Auf 100 Schafe und Ziegen kommt in der Regel ein Mastin Español. Der Mastin Español arbeitet äußerst selbstständig, d.h. so gut wie ohne Anweisungen des Schäfers. Diese Selbstständigkeit hat er sich bis heute bewahrt, was sich immer wieder durch seine Dickköpfigkeit zeigt. Kein Anfängerhund.

Cane Corso

Der Cane Corso Italiano ist auch als „italienische Dogge" oder „italienischer Molosser" bekannt. Sein größtmögliche Vorfahre ist der alte römische Molosser ‚Canis Pugnacis' , der Jahrhunderte lang die antiken Römer als Krieg- und Hütehund begleitete. Der mittelgroße bis große Hund ist kräftig gebaut, dennoch elegant und arbeitet in seinem Ursprungland, Italien, meist in Rudeln und wird als Familien-, Schutz- und Hütehund gehalten. Der Cane Corso ist ein sehr guter Familienhund und verträgt sich hervorragend mit anderen Tieren. Er ist von Natur aus kein Beißer und Raufer. Die Hunde gelten als gelehrig, arbeitsfreudig, ruhig, freundlich, kinderlieb, treu, anschmiegsam, verspielt, sportlich und verhalten sich Fremden gegenüber eher gleichgültig und uninteressiert, insofern ihre Familien oder deren Besitz nicht bedroht werden. Die Widerristhöhe liegt bei Rüden zwischen 64 - 68 cm mit einem Gewicht von 45 bis 50 kg. Bei Hündinnen sind es 60 bis 64 cm mit einem Gewicht von 40 bis 45 kg. Das Fell ist schwarz, bleigrau, schiefergrau, hellgrau, hell falbfarben; hirschrot, dunkel falbfarben; gestromt. Kein Anfängerhund!

Galgo Español (Spanischer Windhund, Jagd- und Laufhund)

Dieser Windhund ist ein Jagd- und Laufhund und findet seinen Einsatz in Spanien hauptsächlich bei der Hasenjagd und bei Windhunderennen. Bei uns wird er als Familienhund gehalten. Der Galgo ist ein sehr intelligenter, aggressionsloser, ruhiger, anhänglicher und seiner Familie treu ergebener Hund. Gegenüber Fremden zeigt sich der Galgo eher zurückhaltend. Es sind sehr eleganter Sprinter, mit einem sensiblen Kern. Alle Farben sind zulässig. Typische Farben sind rot, schwarz, falb und gestromt. Der Galgo kommt mit Kurzhaar und Rauhaar vor. Die Schulterhöhe liegt bei Rüden zwischen 62 und 70 cm, bei Hündinnen zwischen 60 und 68 cm. Einfühlsame Erziehung von Nöten. Ideal für Windhundliebhaber!

▪ Rafeiro do Alentejo

Dieser portugiesischer Hirten-, Begleit- und Schutzhund kommt in den Farben schwarz, falb, creme, rot, rot gefleckt, schwarz gefleckt und gestromt vor. Er findet seinen Einsatz meist als Herdenschutzhund und Wachhund. Bei dem Rafeiro do Alentejo handelt es sich um eine sehr alte Rasse, die vermutlich im südportugiesischen Alentejo aus dem Cao da Serra da Estrela, der Spanischen Dogge und Lokalschlägen gezüchtet wurde. Der Rafeiro do Alentejo ist selbstbewusst, mutig, unabhängig. Rüden werden etwa 66 bis 74 cm groß bei 40 bis 50 kg, Hündinnen liegen bei 64 bis 70 cm und 35 bis 45 kg. Der Rafeiro do Alentejo ist ein seiner Familie treu ergebener Hund und ein unerschrockener Beschützer von Haus und Hof. Kein Anfängerhund!

Da Schäferhund-Bardino-Mischlinge oft für Holländische Schäferhunde gehalten werden, möchte ich diese niederländische Rasse hier kurz vorstellen.

▪ Holländischer Schäferhund (Hollandse Herdershond)

Es gibt kurzhaarige, langhaarige und sogar rauhaarige Holländische Schäferhunde. Der dunkle Kurzhaar-Schäferhund sieht dem Bardino in der Stromung etwas ähnlich. Diese Rasse hat allerdings Stehohren. Sie sind ruhig und ausgeglichen. Die meist sehr verspielten Arbeitshunde eignen sich auch hervorragend als Begleiter sportlicher Menschen. Die Stromung ist mehr oder weniger deutlich auf braunem Untergrund (gold gestromt) oder auf grauer Grundfarbe (silbern gestromt) zu erkennen und erstreckt sich über den ganzen Körper. Widerristhöhe für Rüden 57 bis 62 cm, Widerristhöhe für Hündinnen 55 bis 60 cm. Der Holländische Schäferhund ist natürlich auch kein Anfängerhund. Es sind wachsame, arbeitsfreudige, zuverlässige und aktive Hunde, die mit allen Eigenschaften eines echten Schäferhundes ausgestattet sind.

▪ MERKE: NICHT ALLES, WAS GESTROMT IST, IST EIN BARDINO!
Und die Stromung eines Bardinos ist EINZIGARTIG!
KEIN Hund ist wie ein Bardino gestromt!

■ Die Rasse Bardino – Auf dem Weg zur Anerkennung

Der Bardino hat von jeher schon seine Betrachter fasziniert und deren Fantasie bei der Namensgebung angeregt. Die Bewohner, die auf Fuerteventura geboren sind, nennen sich selbst „Majoreros", was soviel heißt wie „Einwohner von Fuerteventura". Daher wird der Bardino auf Fuerteventura von den Einheimischen auch „Bardino Majorero" oder „Perro de Majorero" genannt, was folglich so viel bedeutet wie „Hund der Einheimischen".

Es handelt sich hier aber nicht um eine andere Rasse, sondern um den Bardino allgemein (Der Urtyp: „Bardino auténtico"). Mittlerweile wird zum Bardino auch schlicht „Majorero" gesagt. Es ist eine Huldigung an diese uralte Hunderasse.

Auch die Bezeichnung „Perro de Ganado" bedeutet nichts anderes als „Vieh-Hütehund": „Perro" heißt „Hund", „Ganado" heißt „Viehzucht", ein „Ganadero" ist ein „Viehzüchter" – ein „Perro de Ganado Majorero" somit ein „Vieh-Hütehund auf Fuerteventura", d. h. im Ursinn ein „Ziegen-Hütehund".

Menschen, die auf Lanzarote geboren sind, nennen sich „Conjeros", die gebürtigen Teneriffianer „Chicharos" und die gebürtigen Gran Canarier „Canarios". Somit bezeichnen sie ihre Hunde auch als „Perro de Conejeros", „Perro de Chicharos" oder „Perro de Canarios".

In einem Hunderassebuch aus den frühen 70er Jahren, lange vor der Festlegung des Rassestandards der Bardinos, wurde der Bardino, bereits gemeinsam mit dem Mastiñ Español, Mastiñ de los Pirineos, God d'Atura (Katalonischer Hirtenhund), Perro de Presa Malloquin und dem Perro de Presa Español, bereits unter „Wachhunde" erwähnt.

1975 setzte sich eine Studentengruppe für den Erhalt und die Rettung des „Bardino Majorero" öffentlich ein. Damals hatte Fuerteventura insgesamt 23.175 Einwohner, heute sind es laut Instituto Canario de Estadística inzwischen 89.680 Einwohner (Stand 1. Januar 2006).

Am 21.04.1979 trafen sich im Rahmen einer Rassebegutachtung in Gran Tarajal (Gemeinde Tuineje) auf Fuerteventura zahlreiche Hirten, Züchter, Experten und Rassegutachter und gaben entscheidende Impulse für die Anerkennung der Bardinos als Rasse. Dieses Treffen wird als die „1. Monographische Ausstellung" des Bardinos angesehen.

Im Oktober 1981 wurde die „Sociedad Protectora del Bardino" S.P.B. (Gesellschaft zum Schutz des Bardinos) von Mitgliedern der oben genannten Studentengruppen gegründet. Die S.P.B. wurde international im "I. Symposium de las Razas Caninas Españolas" in Córdoba vom 19. bis 21. März 1982 vorgestellt, um den Bardino-Majorero zu standardisieren. Ebenso wurde die Bewilligung des spanischen „Club Español del Perro Majorero" (Club des Majorero-Hundes) beantragt.

Im selben Jahr präsentierte sich die neue Gesellschaft auch vor der A.S.C.A.N. (Asociacion Canaria para Defensa de la Naturaleza. A.S.C.A.N.), der ersten kanarischen und einer der ersten Naturschutzorganisationen Spaniens).

Der Bardino wurde unter „Majorero" vom spanischen Hundezüchterverband R.S.C.E. anerkannt (Real Sociedad Central de Fomento de Razas Caninas en España). Der R.S.C.E. ist ein Mitgliedsverband des FCI (Fédédation Cynologique International). Der Bardino gehört hier zur Gruppe der Hüte- und Treibhunde (Arbeitshunde) und ist der Untergruppe der Hütehunde angegliedert. Die erste offizielle Registrierung dieser Rasse erfolgte am 25./26.06.1994 in Las Palmas auf Gran Canaria. 1994 wurde auch ein "Folleto del estándar de la Raza del Perro Majorero" festgelegt und veröffentlicht – der Standard des Bardinos.

Auf Gran Canaria existiert ein „Club Español del Perro Majorero", auf Fuerteventura gibt es einen „Bardino Club" und diverse Zuchtausstellungen von Rassehunden, die u. a. auch den Bardino als Rasse vorstellen.

Auf der XXI. Esposición Internacional Canina de Las Palmas am 25. und 26. Juni 2005 wurden mehrere Bardinos unter dem Oberbegriff „Perro de Pastorero" (Hütehunde) ausgestellt und als „Perro Majorero" (Hunde der Ureinwohner) bezeichnet, allerdings mit dem Vermerk „No aceptada F.C.I" (nicht vom F.C.I akzeptiert) unter der Gruppe 1 bewertet. Da man jedoch die Rasse bereits ausstellt, ist davon auszugehen, dass der Bardino eines Tages auch als Rasse anerkannt werden wird, nicht nur unter den Züchtern und Liebhaber dieser Rasse, sondern auch vom F.C.I. Der F.C.I. ist mit Abstand der größte kynolo-gische Weltdachverband.

Es gibt sogar eine Telefon-karte mit dem Konterfei des Bardinos und der Aufschrift Razas Caninas Ibericas „Majorero".

Mittlerweile gibt es auch einen kanarischen Radiosender, der sich „Radio-Bardino" nennt: radiobardino.com. Dieser regionale Radiosender hat seinen Sitz in Telde auf Gran Canario. Allerdings wird hier im Logo ein Presa Canario mit kupierten Ohren gezeigt und kein Bardino. Dies liegt sicher daran, dass der Presa Canario (Dogo Canario) der Nationalhund von Gran Canaria ist.

Überhaupt habe ich schon erlebt, dass Leute auf den Kanaren ihren Hund als Bardino bezeichnet. Wenn ich den so genannten „Bardino" dann zu Gesicht bekomme, muss ich oft feststellen, dass es kein Bardino war. Auch in Deutschland habe ich schon oft verwundert den Kopf schütteln müssen, wenn man mir den vermeintlichen „Bardino" zeigte. Alles, was gestromt ist, soll immer gleich Bardino sein. Dabei ist die Stromung der Bardino so einzigartig und unverkennbar.

Es wird auf den Kanaren immer den Bardino Majorero geben, denn es gibt genügend Menschen, die diese Rasse so lieben wie ich (und hoffentlich auch Sie), und solange die Tierschützer die „ungewollten" Bardinos ausfliegen und retten dürfen, wird auch eine gewisse Anzahl der Bardinos in Deutschland leben.

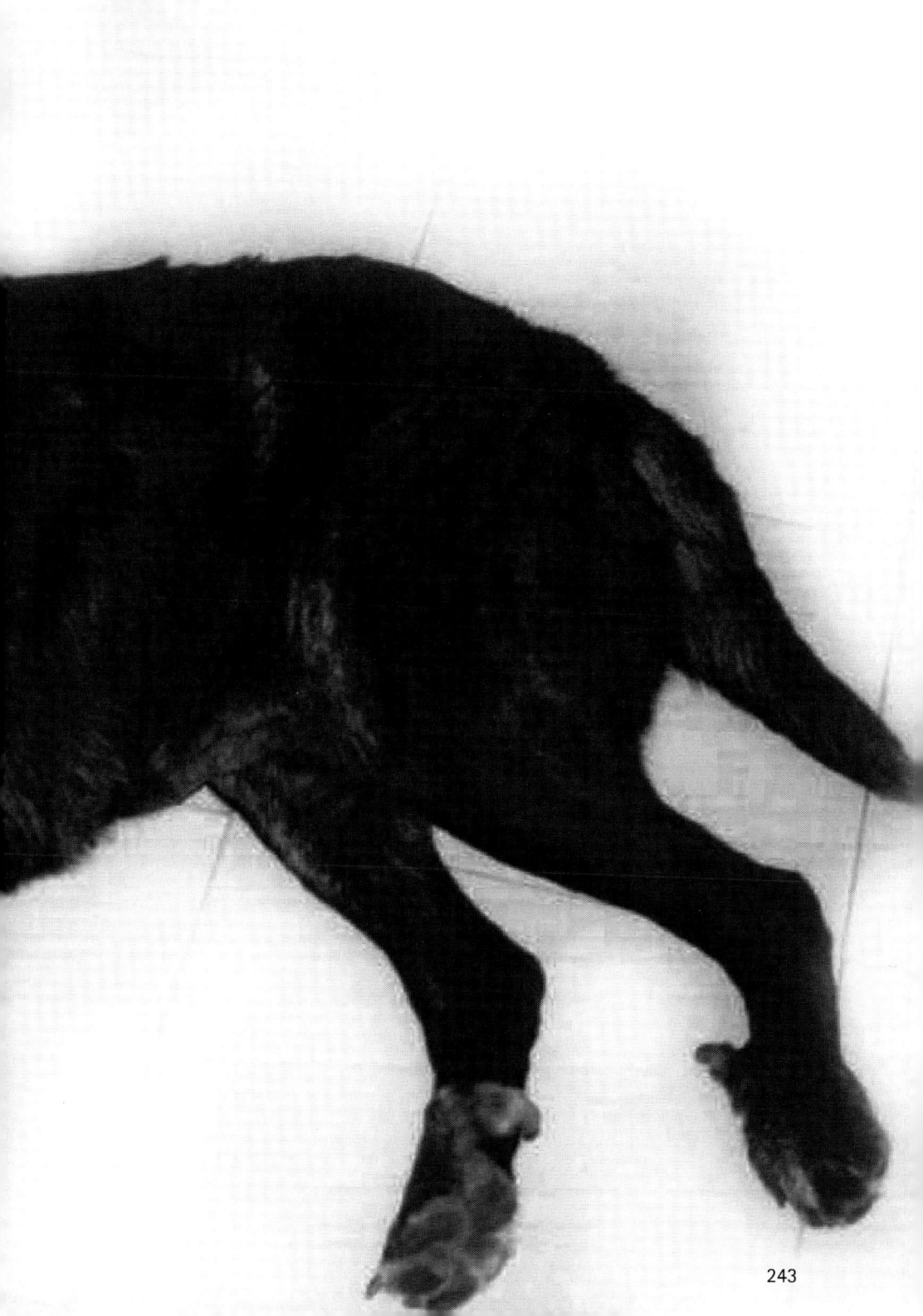

Der Hund aus dem Ausland – Tipps und Hinweise

■ Wichtige Infos und Tipps, Bardinos aus kanarischen Tierheimen

Wie sehr unsere Mitgeschöpfe dem Menschen auf Gedeih und Verderb ausgeliefert sind, erlebt jeder, der eines der vielen Tierheime besucht. Besonders die
Zustände in den ausländischen Tierheimen sind leider oft katastrophal, da es
fast keine Hilfe vom Staat gibt. Es ist umso erstaunlicher, was die Tierschützer
vor Ort leisten und ertragen.

Bitte erwarten Sie nun nicht, dass ich Ihnen hier eine Auflistung der seriösen
und nicht seriösen Tierschutzvereine gebe. Es gibt, wie in allen Bereichen,
immer auch schwarze Schafe unter den Tierschützern, aber ich kann Ihnen
versichern, es geht uns Tierschützern grundsätzlich um die gleiche Sache,
nämlich das Wohl der Tiere, und daher werden Sie auch überwiegend seriöse
Tierschutzvereine vorfinden.

Wie auch sonst überall, so gilt auch hier: Fehler werden überall gemacht, hinter
jedem Fehler steht oft auch nur ein Mensch wie Sie und ich. Irren ist menschlich
und nicht alles kann immer so laufen, wie man es sich wünscht oder denkt.
Tausendmal geht etwas gut und einmal geht es schief.

Sie wissen, im Internet kann leider jeder auf seiner Homepage (oder in Foren/
Gästebücher) schreiben, was er möchte, und Trittbrettfahrer gibt es überall,
auch bei der Vermittlung von Tieren. Daher ist besondere Vorsicht ratsam,
wenn Anbieter keinem Tierschutzverein angegliedert sind oder diesen ständig
wechseln! Bezüglich der Trittbrettfahrer möchte ich mich den Worten von
Albert Einstein (1879-1955) anschließen: „Persönlichkeiten werden nicht durch
schöne Reden geformt, sondern durch Arbeit und eigene Leistung".

Viele schreiben immer „wir", und häufig handelt es sich doch nur um eine
Privatperson und deren Partner und nicht, wie anzunehmen, um einen Tierschutzverein oder ein Tierheim. Nur weil jemand beispielsweise Erfahrungs-
berichte ins Internet stellt oder Fotos von zu vermittelnden Hunden mit der
Aufschrift „VERMITTELT" zeigt, heißt das noch lange nicht, dass er aktiv im

Tierschutz tätig ist und diese Tiere auch wirklich vermittelt hat. Noch weniger heißt es, dass er die Situation vor Ort, beispielsweise eine Insel oder den Auslandstierschutz, wirklich kennt.

Vorsicht ist auch geboten, wenn von nicht eingetragenen Vereinen unter dem Deckmantel „Tierschutz" T-Shirts, Uhren oder anderen Merchandising-Artikeln rund ums Tier verkauft werden. Fragen Sie solche Betreiber von Internetseiten auch, wohin genau das Geld fließt, das durch den Verkauf dieser Artikel eingenommen wird. Lassen Sie sich nicht abspeisen mit „Geht an Tierschutzvereine". Lassen Sie sich vor einer Bestellung „Beweise" liefern.

Spendenaufrufe gibt es sehr viele. Schauen sie nach, ob eine Vereinsregistereintragsnummer angegeben ist und gehen Sie bei Zweifeln der Sache nach.

Damit Ihr Hund aus dem Süden auch ein Freund fürs Leben wird und Sie mit ihrem Traumhund aus dem Ausland glücklich werden, lesen Sie bitte auch die nachfolgenden Hinweise und Tipps zum Thema „Hundevermittlung".

Ich gebe auf den nachfolgenden Seiten "Tipps und Hinweise" und gehe vereinzelt auch auf Hunde anderer Rassen ein, die mir sehr am Herzen liegen und in diesem Buch ihren Platz bekommen sollen.

Teilweise handelt es sich um meine eigenen, leider schon verstorbenen Hunde.

■ Welchen Impfschutz muss ein Hund aus dem Süden haben?

Achten Sie darauf, dass ein Tier, das zu Ihnen kommt, ausreichenden Impfschutz hat. Zum Ausfliegen braucht der Hund NUR die Tollwutimpfung, die mindestens 4 Wochen alt sein muss. Optimal bei einem ausgewachsenen Hund sind eine Tollwutimpfung und eine doppelte 7fach-Impfung (z. B. Vanguard 7 oder Ähnliches). Meist ist im Impfpass auch eingetragen, wann und mit welchem Mittel die Tiere entwurmt wurden.

Seit dem 1. Oktober 2004 gelten innerhalb der EU (einschließlich der neuen Beitrittsländer) weitgehend einheitliche Regeln für Haustiere auf Reisen. Hunde müssen dann mit Mikrochip, einem Transponder (ISO-Norm 11784 oder 11785), gekennzeichnet sein oder – übergangsweise noch bis zum Jahr 2011 – durch Tätowierung. Für die Hunde muss ein neuer, einheitlich gestalteter EU-Heimtierausweis mitgeführt werden, aus dem die gültige Tollwutschutzimpfung hervorgeht (durchgeführt mindestens 30 Tage und längstens 12 Monate vor Grenzübertritt). Weitere Impfungen sind nicht vorgeschrieben, können aber in diesem Pass vermerkt werden.

Denken Sie bitte immer daran, dass Ihr Tier jährlich zum gleichen Termin geimpft werden muss. Ihr Hund sollte immer gegen Staupe, Tollwut, Hepatitis, Parvovirose und Leptospiriose geimpft werden. Diese Krankheiten können tödlich enden, insofern Ihr Hund nicht rechtzeitig gegen diese gefährlichen virus bzw. bakteriell bedingten Infektionskrankheiten geimpft wurde. Die Tollwut und die Leptospirose sind auch auf den Mensch übertragbar.

■ Wichtig:

Es ist dringend zu empfehlen, Ihren Hund vor dem Impfen zu entwurmen. In der Regel sollte der Hund dreimal im Jahr entwurmt werden. Auf Basis der neuesten Erkenntnisse ist in Deutschland nur noch einmal in drei Jahren eine Impfung gegen Tollwut vorgeschrieben. Fragen Sie Ihren Tierarzt, von welchem Hersteller er den Impfstoff bezieht. Es gibt Einjahres-Impfungen und Dreijahres-Impfungen! Wichtig: Gegen Staupe, Parvovirose usw. müssen Sie trotzdem jährlich impfen. Sollten Sie mit Ihrem Hund verreisen wollen, so erkundigen Sie sich bitte bei Ihrem Tierarzt oder der zuständigen Botschaft rechtzeitig, welche zusätzlichen Bestimmungen bei der Einreise eingehalten werden müssen. Auf meiner Homepage www.Bardino.de können Sie dazu einiges nachlesen.

■ **Was ist eine so genannte Vorkontrolle?**

Ein seriöser Tierschutzverein oder Tierheim wird immer eine so genannte Vorkontrolle durchführen. Keine Angst, hier wird nicht Ihr ganzes Haus inspiziert. In der Regel werden nur die von Ihnen gemachten Angaben überprüft und geklärt, ob eine schriftliche Genehmigung Ihres Vermieters zur Haltung eines Hundes vorliegt bzw. ob es schon im Mietvertrag steht. Oft wird bei dem Vorgespräch auch noch einmal der Ablauf der Vermittlung komplett durchgesprochen (falls nicht schon durch den Vermittler am Telefon geschehen). Meist sind die Vorkontrolleure geschulte Leute, die selbst aktiv im Tierschutz sind; sie können Ihnen auch Fragen zu eventuellen Erkrankungen beantworten und hilfreiche Tipps zur Erziehung geben. In der Regel ist das aber die Arbeit der Vermittler am Telefon des Tierschutzvereins. Meist arbeiten die Tierschutzvereine untereinander gut zusammen und helfen sich gegenseitig bei Vorkontrollen. Es kann also durchaus passieren, dass ein anderer Tierschutzverein bei Ihnen eine Vorkontrolle macht. Nun dürfen Sie aber nicht erwarten, dass in solch einem Fall der befreundete Tierschutzverein Ihre Fragen zur Vermittlung und zu einem bestimmten Tier beantworten kann. Fragen Sie daher den Vermittler Ihres Tieres. Fragen Sie lieber einmal zu viel als einmal zu wenig. Wer nichts zu verstecken hat, wird Ihnen alle Fragen gern und ehrlich beantworten.

■ **Was geschieht, wenn ich mit dem Tier nicht klarkomme?**
  Was ist zu tun, wenn es Probleme gibt?

Ein guter Tierschutzverein steht Ihnen bei Problemen mit dem Hund hilfreich zur Seite und nimmt seine ehemaligen Schützlinge immer wieder auf. Dies ist meist auch schon vertraglich festlegt und für mich persönlich eine der wichtigsten Klauseln in einem Tierschutzvertrag. Eine weitere, für mich wichtige Klausel in einem Tierschutzvertrag ist es auszuschließen, dass ein Hund ohne Genehmigung des Tierschutzvereins bzw. des Tierheims an Dritte weitergegeben werden darf.

Zu beachten ist allerdings, dass von den ehrenamtlichen Helfern eines Tierschutzvereins nie eine sofortige Übernahme des Tieres erwartet werden darf. Bitte geben Sie dem Tierschutzverein also möglichst etwas Zeit. Erwarten Sie auch keinen Rückruf innerhalb einer Stunde. Tierschutz ist meist eine geliebte Freizeittätigkeit, oftmals bleibt dafür neben Familie, den eigenen Tieren und dem Job nicht allzu viel Zeit übrig.

■ Was soll ich tun, wenn mein Tier krank ist?

Ist Ihr Tier krank, rufen Sie erst einmal den Tierschutzverein an und fragen Sie nach, ob irgendwelche Erkrankungen bereits bekannt sind. Möglicherweise war das Tier schon vor der Vermittlung erkältet, hat gehustet o. ä. und ist deswegen bereits mit Tabletten behandelt worden und die Erkrankung schien auskuriert.

Schimpfen Sie nicht gleich auf den ganzen Tierschutz, wenn Ihr Tier krank ist. Im Ausland ist die Rudelhaltung üblich, so dass ein Hund selbst am Ausreisetag noch schnell in eine Hundebeißerei verwickelt werden kann. Bei der großen Anzahl an Hunden lässt es sich nicht immer feststellen, ob ein Hund an Kokzidien oder Giardien (Einzeller, die es bei uns genauso wie im Ausland gibt) erkrankt ist, ob er trotz Entwurmung noch Wurmbefall hat (zumal meist wenige Tage vor dem Ausreisetermin noch einmal entwurmt wird und sich daher auch noch abgestorbene Würmer im Kot befinden können) oder vielleicht plötzlich humpelt (der Hund könnte sich auch nur vertreten haben). Bedingt durch den Flug haben Hunde oft „buttrige" Augen. Das kann vorkommen. Die Hunde stehen meist noch eine Weile auf dem Rollfeld, bevor sie in den Flieger eingeladen werden. Das ist auch meist am Flughafen in Deutschland nicht anders. Schnell ist ein Hund erkältet.
Bedenken Sie auch, dass manche Tierärzte im Ausland weniger erfahren sind, möglicherweise nicht so umfangreich und intensiv wie in Deutschland ausgebildet wurden oder vielleicht nicht über das entsprechende Instrumentarium verfügen; auch sind einige Medikamente im Ausland einfach nicht erhältlich.

■ Was sollte ich zusätzlich in Bezug auf Seriosität des Tierschutzvereins beachten?

Es spricht für die Seriosität eines Vereins, wenn er Mitglied im Deutschen Tierschutzbund e.V. (DTB) oder des Europäischen Tier- und Naturschutz e.V. (ETN) ist und vom Finanzamt als gemeinnützig und besonders förderungswürdig anerkannt wurde. Teilweise kennen Sie ja auch schon verschiedene Tierschutzvereine durch ihre Präsenz im Fernsehen, z. B. aus TV-Sendungen wie „Tiere suchen ein Zuhause", „Herrchen gesucht" oder „Tier-TV".

Im Vergleich zu Vermittlungen durch Privatpersonen (die zudem vielleicht nur einen gewissen Betrag oder auch gar nichts an den Tierschutzverein abtreten, von dem das Tier ursprünglich stammt) haben Sie in der Regel eine größere

Sicherheit, wenn Sie sich für einen Hund entscheiden, der auf der Internetseite eines eingetragenen Vereins angeboten wird. Natürlich gibt es auch liebe Menschen, die als Privatperson helfen, wo sie helfen können, und selbstlos Hunde aus dem Ausland holen, vermitteln und die kompletten Einnahmen wieder dem Tierheim zur Verfügung stellen. Auch hier gilt: Erkundigen Sie sich, wo Sie nur können, um Ihre Fragen und Anliegen zu klären.

■ Kastration?

Kastration sollte für jeden, der ein Tier aus einem Tierschutzverein oder Tierheim übernimmt, ein MUSS sein. Viele Tierschutzvereine kastrieren ihre Tiere bereits vor der Vermittlung, aber einige haben nicht die Möglichkeit, ihre Tiere kastrieren zu lassen. Lassen Sie dann bitte Ihr Tier in Deutschland umgehend kastrieren. Machen Sie sich bitte nicht durch einen unaufmerksamen Moment, in dem Ihre Hündin dann doch einmal schnell ausbüchst, am Tierleid schuldig. Das Tierelend ist groß genug. Daher sollte nur eine Rasse gezüchtet werden, von der es nicht mehr viele Tiere gibt oder die genug nachgefragt wird. Aber auch hier gilt in der Regel: Sie werden zu fast jeder Rasse auch ein Exemplar als „Secondhand-Hund" finden.

▪ Leishmaniose

Die Leishmaniose ist eine Erkrankung, die von Sandmücken (auch Schmetterlingsmücke genannt) übertragen wird. Es kann teilweise Jahre dauern bis die Erkrankung zum Ausbruch kommt. Bei den erkrankten Hunden können die Haut und/oder die Bauchorgane befallen sein. Die Symptome sind häufig recht unspezifisch wie z.B. Apathie, wenig Appetit, nicht juckende Hautentzündung (lichtes Haarkleid, Schuppenbildung, Hautverdickungen, Ekzeme etc), Fieberschübe, Abmagerung, Lymphknotenvergößerung, Lahmheiten, Nasenbluten, Leber-/Milz-/Nierenerkrankungen und Durchfall.

Die Leishmaniose gehört ebenso wie die später aufgeführten „Zeckenerkrankungen" (Ehrlichiose und Babesiose) zu den Erkrankungen der südlichen Länder, welche in einem s. g. „Mittelmeertest" überprüft werden können.

Lassen Sie sich aber bitte nicht von dem Begriff „Mittelmeertest" verwirren, diese Erkrankungen kommen in sehr vielen wärmeren Gebieten vor. Diese Tests werden üblicherweise auf den Kanaren (Lanzarote und Fuerteventura) nur bei Verdacht auf eine entsprechende Erkrankung gemacht, denn auf den Kanaren beträgt der Anteil der an Leishmaniose erkrankten Hunde beispielsweise nur 0,3 %.

Ein routinemäßiger Mittelmeertest wäre bei dieser Prozentzahl nicht gerechtfertigt. Es wurden 700 Hunde auf den ganzen Kanaren getestet. Nur zwei Hunde waren Leishmaniose-positiv. Bei diesen Hunden handelte es sich aber NACHWEISLICH um Hunde, die vom Festland eingeführt wurden.

▪ Übrigens: Die Leishmaniosemücke wurde bereits vereinzelt in Deutschland gefunden. Im Prinzip gibt es die Leishmaniosemücke somit schon in Deutschland. Die Leishmaniosefliege lässt sich leider von den Landesgrenzen nicht zurückhalten. Auch der Klimawandel, also die ansteigenden Durchschnittstemperaturen (Voraussetzung ist eine durchschnittliche Jahrestemperatur von über + 10 °C), spielt hier eine Rolle.

Teilweise werden auf den Kanaren auch Schnelltests auf Mittelmeererkrankungen vor dem Ausfliegen der Hunde angeboten bzw. durchgeführt.

Ich rate jedem Interessenten zur Sicherheit, einen so genannten Mittelmeertest nach Ausreise des Tieres machen zu lassen. Falls vorher kein Schnelltest durchgeführt wurde, lassen Sie diesen nach 4 bis 6 Wochen einen Bluttest machen. Wurde ein Test vor der Ausreise gemacht, so wiederholen Sie den Test zur Sicherheit nach 4 bis 6 Monaten noch einmal.

Lassen Sie sich in Deutschland nicht auf einen Schnelltest ein! Besser ist es Blut abnehmen, ein großes Blutbild zu machen und damit ALLE Mittelmeererkrankungen testen zu lassen (auch wenn die Kanaren nicht im Mittelmeer sind). Bedenken Sie aber bitte, dass die Tierschützer meist nicht wissen, woher das Tier ursprünglich stammt. Viele Canarios bekommen ihre Rassehunde und auch schon mal Mischlinge vom Festland Spaniens.

Machen Sie sich aber im Vorfeld nicht verrückt. Viele deutsche Tierheime wissen auch nicht, woher ihre Tiere ursprünglich stammen. Bei einem Welpen vom Züchter wissen Sie auch nicht, ob er HD, Arthrose, irgendwelche anderen Krankheiten hat oder an einer Allergie leidet.

Sollten Sie jedoch Urlaub mit Ihrem Hund im Ausland planen, so empfehle ich, ausreichenden Zeckenschutz (am besten Exspot®, Advantix® oder ein Scaliborhalsband®). Die genannten Produkte haben auch in südlichen Ländern die Zulassung gegen die Sandmücke.

Da die lautlos fliegende Sandmücke nachtaktiv ist, gehen Sie bitte nicht in der Abenddämmerung mit Ihrem Hund Gassi. Tagsüber ruhen diese Mücken an relativ kühlen und dunklen Orten wie Mauerritzen, in Kellern, Erdlöchern und Ställen.

■ **Eines sei noch angemerkt:** Ein Tierschutzverein kann sich nur selten ein Scaliborhalsband® für jeden Hund im Tierheim leisten, zumal diese Halsbänder bei Rudelhaltung eine enorme Verletzungsgefahr bergen. Die ohnehin schon knappen Gelder werden bevorzugt für notwendige Impfungen, tierärztliche Behandlungen und Medikamente benötigt. Auch ist das Tragen dieser Halsbänder kein hundertprozentiger Schutz.

▪ Zeckenerkrankungen (Ehrlichiose, Babesiose)

Beide Erkrankungen werden durch den Biss von Zecken übertragen. Die Babesiose wird durch die Auwaldzecke übertragen, die inzwischen auch in einigen Teilen Deutschlands nachgewiesen wurde und somit auch hier die Babesiose überträgt.

Es gibt bei dieser Erkrankung einen akuten und einen chronischen Verlauf. Die Hunde können durch Mattigkeit und Fieber auffallen. Teilweise ist der Urin rötlich gefärbt. Sollte Ihr Hund diese Symptome aufweisen, suchen Sie bitte einen Tierarzt auf.

Die Ehrlichiose wird durch die Braune Hundezecke übertragen, die Symptome hierfür sind leider sehr vielgestaltig. Meist zeigen die Tiere anfangs Fieber und Abgeschlagenheit, später können auch Blutungen dazukommen. Auch in diesem Fall ist ein Tierarzt aufzusuchen, der zur Behandlung Antibiotika einsetzen wird. Die Braune Hundezecke ist inzwischen auch in Deutschland nachgewiesen worden, hier allerdings nur in Innenräumen.

Natürlich ist es möglich, dass es gerade Ihren Hund erwischt hat und er von einer Zecke gebissen wurde. Aber wenn Sie einen Hund aus dem Ausland retten möchten, so schließt das auch die Bereitschaft ein, ein gewisses Krankheitsrisiko einzugehen. Außerdem gibt es Zecken ja auch in Deutschland.

■ Wo kommen die Hunde her? Was kann ich über den Hund erfahren?

80 Prozent der Hunde leben auf den Kanaren, stammen aus so genannten Tötungszellen oder sind Fundtiere bzw. von Gemeindearbeitern eingesammelte Hunde. Nur ein kleiner Teil wird von ihrem Besitzer abgegeben. Also weiß man in der Regel nicht viel über die Vergangenheit der Hunde.

Ich kann hier zwar nur für die Tierhilfe Fuerteventura e.V. sprechen, doch ich weiß, dass wir unsere Tiere sehr gut einschätzen können und unser Bestes geben, um eine richtige Beurteilung des Tieres zu machen. Die Tierschutzvereine der Kanaren sind, wie die meisten anderen Tierschutzvereine im Ausland, sehr wohl in der Lage, die Hunde richtig zu beurteilen.

Das „wahre Gesicht" zeigt ein Hund aber meist erst nach einer Eingewöhnungszeit von erfahrungsgemäß ca. 6 Wochen. Aber keine Angst: Ich meine damit nicht, dass Ihr Traumhund aus dem Süden plötzlich nach Ablauf von 6 Wochen zu einer reißenden Bestie wird! Sie werden aber durchaus mutiger und testen ihre Bezugspersonen aus, checken ab, wie weit sie gehen können, indem sie sich beispielsweise mal was vom Tisch holen, den Mülleimer durchstöbern oder auch einfach ihre Ohren auf Durchzug stellen. Ich habe beispielsweise erlebt, dass einer meiner Pflegehunde auf Fuerteventura unverträglich mit Rüden und Hündinnen war, bei uns zu Hause hingegen im Rudel sofort verträglich, ja sogar katzen- und kinderlieb war.

Vergessen Sie nicht, dass die Tiere im Ausland (z. B. in einigen süd- oder osteuropäischen Ländern) häufig einem besonderen Stress ausgesetzt sind. Dort ist alles anders als etwa in deutschen Tierheimen. Dort droht den Tieren in der Regel nach 21 Tagen die Tötungsspritze. Um sie davor zu bewahren, werden die Tiere in verträglichen Rudeln gehalten, anstatt jeden Zwinger (auf Fuerteventura immerhin 22 qm groß) mit nur einem Hund zu belegen.

■ Wieso ist der Hund so mager?

Bitte erwarten Sie keinen wohlgenährten Hund. Ein Hund im Tierheim ist unter permanenten Stress. Die Hunde bekommen zwar ausreichend Futter, doch oft haben sie nicht viel Bewegung oder leiden an Appetitlosigkeit. Viele Jagdhunde werden ihr ganzes Leben lang nur unregelmäßig mit Futter und Wasser versorgt. Wie soll ein Hund dann plötzlich zu einem guten Fresser werden? Das alles braucht Zeit. Ich habe einen ausgewachsenen Rottweiler erlebt, der

normal genährt in unsere Perrera auf Fuerteventura gebracht wurde und mit starkem Untergewicht ausflog. Der Hund wollte einfach nicht mehr fressen. Zu schlimm war es für ihn, ohne seinen geliebten Menschen zu sein, der ihn bei uns im Tierheim abgegeben hatte.

Es ist mir oft unverständlich, wieso manche Tiere ihren Peinigern nachtrauern. Aber man muss es ihnen zugute halten, sie kennen es nicht besser. Viele Hunde bekommen, glücklicherweise eine zweite Chance im Leben und schnell wissen sie die Liebe, die wir Menschen ihnen geben, zu schätzen und sie danken es uns, viel mehr als wir vielleicht erwarten.

Es ist schön zu wissen, dass es Augen gibt,
die uns erwarten und die aufleuchten, wenn wir kommen.
(Lord George Gordon Noel Byron, 1788-1824)

■ Wo soll der Hund in der ersten Nacht schlafen?

Lassen Sie den Hund in Ruhe sein neues Heim erkunden. Er schnüffelt und weiß sehr schnell, ob schon einmal ein Hund oder ein anderes Tier in Ihrem Haus war. Geben Sie ihm die Zeit, die er braucht, um alles Neue zu erkunden und aufzunehmen. Wenn Sie sich verleiten lassen, den Hund in der ersten Nacht mit in Ihr Bett oder Schlafzimmer zu nehmen, so wird er versuchen, dies auch bis an sein Lebensende so zu halten. Ich rate den Interessenten immer, die erste Nacht etwas länger aufzubleiben, zumindest so lange, bis Ihrem neuen Schützling wirklich die Augen zufallen. Er wird meist sehr schnell verstehen, wo er liegen soll, wenn Sie ihm ein paar Leckerchen auf seinen Liegeplatz legen oder wenn Sie bei der Abholung des Hundes bereits eine Decke oder ein Tuch im Auto haben, das Sie ihm dann im Haus auf seinen Platz legen. Der Hund nimmt seinen Geruch wieder auf und weiß, wo er hingehört.

Liegt er dann in seinem Körbchen (bitte Körbchen lieber aus Hartschalenplastik mit einer dicken Decke und keine Weidenkörbchen wegen Verletzungsgefahr beim Verschlucken der Weidenstücke), so ist alles perfekt, und Sie können sich beruhigt in Ihr Bett schleichen. Steht der Hund jedoch auf und will Ihnen folgen, so machen Sie sich entweder den „Spaß" und bringen Ihren Hund die ganze Nachte immer und immer wieder zurück zu seiner Schlafstelle oder Sie lassen Ihrem Hund seinen Schlafplatz allein aussuchen. Wenn Sie wiederholt aus Ihrem Bett aufstehen und Ihren Hund zu seinem Schlafplatz begleiten, dann wird das Spiel ständig so weitergehen. Am einfachsten wäre es natürlich, wenn Sie den Hund direkt im Schlafzimmer schlafen ließen oder Sie schliefen in der Nähe des Hundes, zum Beispiel im Wohnzimmer auf dem Sofa.

Für den Hund ist es allerdings am angenehmsten, wenn er in der Nähe seines Rudels (in diesem Falle in der Nähe von Ihnen) schlafen darf.

■ **Stubenreinheit**

Viele Hunde aus dem Süden haben noch nie in einem Haus gelebt. Umso erstaunlicher ist es, dass ältere Hunde meist von Anfang an stubenrein sind. Oft markieren Hunde jedoch in der Regel erst einmal ihr neues Zuhause. Zeigen Sie einfach Verständnis für diese einmalige „Tat". Bitte „kümmern" Sie sich dann zunächst nicht um den Urin, mit dem der Hund markiert. Warten Sie ab, bis der Hund aus dem Raum ist und säubern Sie erst dann die markierte Stelle.

Sollte Ihr Hund jedoch nicht richtig stubenrein sein, so ist es wichtig, anfangs ständig mit dem Hund nach draußen zu gehen, und zwar nicht wie mit einem stubenreinen Hund nur drei- bis viermal am Tag, sondern alle ein bis zwei Stunden. Ein Hund „muss" vor allem nach dem Fressen, nach dem Schlafen und nach dem Spielen, also immer, nachdem er irgendeine Handlung oder Phase beendet hat. Machen Sie jedoch keinen großen Spaziergang nach dem Essen. Ihr Hund sollte nach dem Fressen ruhen; wenn er kurz raus muss, so sollte es ein wirklich kurzer Gang vors Haus oder in den Garten sein. Es ist wichtig, unverzüglich in diesem Moment mit dem Hund Gassi zu gehen, da sich dadurch die Chance erhöht, dass er sein Geschäft draußen erledigt.

Meist sind die Hunde aus dem Tierschutz noch sehr verunsichert. Also bitte das Loben nicht übertreiben, denn sonst könnte der Hund erschrocken sein und es als „Fehler" ansehen, dass er endlich in den Garten gemacht hat. Diese Hunde sind ein Lob meist gar nicht gewohnt und müssen sich auch daran erst gewöhnen. Vorsichtig, mit sanfter Stimme loben. Hier ist es wichtig, den richtigen Zeitpunkt abzuwarten. Nicht schon loben, wenn der Hund noch dabei ist, sein Geschäft zu erledigen. Allerdings haben Sie auch nur höchstens 2 Sekunden Zeit, ein Lob auszusprechen. Hier ist Timing gefragt.

Um die Hinterlassenschaft zu beseitigen, verwenden Sie lieber kein Desinfektionsmittel oder Essigwasser. Essig, das auch in Desinfektionsmittel enthalten ist, verstärkt den Uringeruch und vermittelt so dem Hund, dass er hier hinmachen kann. Einfaches Seifenwasser, ohne Parfum reicht aus.

Loben Sie Ihren Hund nach jedem richtig gesetzten Häufchen oder Pfütz-chen. Wenn Sie mit Leckerchen arbeiten, geben sie Ihrem Hund nur ein kleines Leckerchen, nicht zu viel, sonst wird er im Haus gleich wieder müssen.

Nachts die Stubenreinheit zu trainieren ist schwieriger. Da Hunde sich immer von ihrem Schlafplatz entfernen, wenn sie vorhaben, sich zu lösen, kann man Gegenstände um den Schlafplatz herum verteilen, die Geräusche verursachen, z. B. mit Reis oder kleinen Steinen gefüllte Fotorollen, knisterndes Papier, Klangbällchen u.v.m. Verlässt der Hund nun seinen Schlafplatz, wird er ent-sprechende akustische „Alarmsignale" auslösen. Mit ein wenig Glück werden Sie davon geweckt, so dass Sie noch rechtzeitig mit dem Hund in den Garten oder vor die Haustüre gehen können.

■ **Übrigens:** Von einer Übernachtung eines nicht stubenreinen Hundes in einer Transportbox oder einem Wegsperren (weil er noch nicht allein bleiben kann) halte ich persönlich nichts. Dadurch werden ganz eindeutig seine Bedürfnisse unterdrückt, der Hund leidet. Wer allerdings mit der Box arbeiten möchte, sollte zu Anfang auch dazu bereit sein, den Wecker zu stellen, um alle 2 Stunden mit dem Hund nach draußen zu gehen.

Natürlich muss die Übernachtung in der Box auch trainiert werden. Hunde aus dem Ausland haben damit meist ein Problem. Sie sind von der Straße oder von der Kette direkt ins Tierheim gekommen, waren dort eine Zeit in Zwingern und wurden dann in einer Transportbox in ihre neue Heimat transportiert.

Die Box muss für den Hund eine Belohnung werden, d. h., der Aufenthalt in der Box soll für den Hund so schön wie möglich gestaltet werden, z. B. mit Lecker-chen, Futter, besonderen Kauknochen usw. Schauen Sie sich einmal die großen faltbaren Transportkäfige an. Sie sind meistens nicht so teuer wie die großen Transportboxen, die ein Hund zur Ausreise mit dem Flugzeug braucht.

Sollte nun doch ein Malheur passiert sein und ist es 1 oder 2 Minuten her, auf keinen Fall den Hund bestrafen. Das bringt der Hund dann nicht mit der „Tat" in Verbindung. Bitte auch die „Tat" nicht in Anwesenheit des Hundes wegwischen.

Wenn man den Hund auf frischer Tat ertappt, sollte man auch nicht strafen. Man ignoriert den Hund am besten (auch wenn einem gleich der Kragen platzt), wartet bis er fertig ist und reinigt dann gründlich die Stelle, ohne besonders auf den Hund einzugehen. Wenn Sie beispielsweise Ihren Welpen direkt auf frischer Tat ertappen, dann nehmen Sie ihn am besten direkt auf den Arm, und tragen ihn hinaus. Ich habe noch nie erlebt, dass ein Welpe dann weiterpinkelte. Auch ein erwachsener Hund wird das nicht tun. Also, hoch mit dem Kerl und an die frische Luft befördern. Stubenreinheit erlangt man nur über einen einzigen Weg: Üben!

■ Warum frisst der Hund aus dem Süden so viel Gras?

Gerade wenn der Hund von einer der kargen Kanareninseln wie Fuerteventura und Lanzarote kommt, so verwundert es den Hundebesitzer meist doch sehr, dass der Hund so oft Gras frisst und später nicht erbricht. Man sagt zwar, dass der Hund bei Magen- und Darmverstimmungen Gras frisst, um zu erbrechen und sich dadurch Erleichterung verschaffen zu können. Das Erbrechen muss aber nicht immer unbedingt ein Krankheitsanzeichen sein. Besonders im Frühjahr fressen fast alle Hunde gern das vitaminreiche Gras. Jedoch ist „Nahrung" aus Gras, Wurzeln und Beeren für den Hund oft schwer verdaulich. Einer meiner Bardinos fraß mit großem Genuss Fallobst, süße Pflaumen schmeckten ihm besonders. Sie können sich sicherlich vorstellen, welche „Geräusche" wir anschließend von ihm bei dieser schwer verdaulichen Kost „zu hören bekamen".

■ Leine oder Geschirr?

Ich empfehle, dem Hund in den ersten Tagen ein Geschirr umzulegen. Wenn der Hund sich sicher fühlt, kann auch ein Halsband mit Leine reichen. Ich finde es gut, wenn Hunde Geschirre tragen. Es ist bequemer für den Hund und der empfindliche Hals- und Kehlkopfbereich wird nicht belastet. Viele Hunde fühlen sich auch nicht so eingeengt wie mit einem Halsband.

Zur Sicherheit sollten Sie Ihren Hund in den ersten sechs Wochen nicht von der Leine lassen und langsam mit einer Schleppleine das Freilaufen üben. Die Leine ist eine nicht zu unterschätzende Schutzfunktion für Ihren Hund. Ihr Hund kennt viele Dinge noch nicht. Viele Geräusche und auch Gerüche sind ihm fremd.

■ Wieso baldmöglichst in die Wanne mit dem Hund?

Der Hund aus dem Süden duftet meist nicht gerade gut. In der Regel sind die Hunde in ihrem Leben noch nie gebadet worden. Es würde beispielsweise auch vor einer Ausreise der Hunde aus dem Tierheim auf Fuerteventura keinen Sinn machen, denn der mit Aschesand aufgeschüttete Auslauf wirbelt beim Toben und Rennen so viel Staub auf, dass es schon bald wieder mit der Sauberkeit vorbei ist.

■ Wieso ist mein Hund erkältet?

Das Immunsystem der Tiere kann durch Impfung und Entwurmung oder eine vorherige Erkrankung etwas angegriffen ist. Es kommt manchmal vor, dass sich Hunde auf dem Flug nach Deutschland erkälten. Dies liegt daran, dass die Hunde, egal bei welchem Wetter, schon eine Weile auf dem Rollfeld stehen, bevor sie ins Flugzeug eingeladen werden. Es ist windig, es regnet, es ist heiß – all das müssen die Hunde, die sowieso schon unsicher und auch ängstlich sind, kurz vor ihrer Abreise oder bei ihrer Ankunft erdulden. Ich habe es einmal erlebt, dass ein Podenco so lange auf dem Rollfeld in Deutschland stand, dass Schnee auf seiner Flugbox lag, so dass der arme Hund ganz furchtbar gefroren haben muss. Kein Wunder als, dass der Hund eine schwere Erkältung bekommen hatte. Erst recht, wenn man bedenkt, dass die Hunde im Winter beispielsweise aus einer Umgebung mit +30 °C in ein Umfeld mit -5 °C gebracht werden. Auch Hunde mit mehr Fell werden bald ihr Fell wechseln; der Hund stößt sein Sommerfell ab und baut sein Winterfell auf.

■ Wie kommen die Hunde nach Deutschland?

Die Hunde werden meist von so genannten Flugpaten nach Deutschland ausgeflogen. Viele Tierschutzvereine im Ausland suchen händeringend Flugpaten für bereits vermittelte oder verletzte Tiere, welche in Deutschland an komplizierten Knochenbrüchen etc. operiert werden müssen. Ich könnte mir zum Beispiel nicht vorstellen, irgendwo im Ausland Urlaub zu machen und nicht wenigstens auf dem Rückflug nach Deutschland einem Tier in Not mit der kleinen Geste der Flugpatenschaft zu helfen. Als Flugpate haben Sie wenig Mühe, es ist für Sie kostenfrei und kaum ein Risiko! Warum sollte man im Ausland ein Tier von der Straße holen, es aufpäppeln, Geld in Form von Futter, Entwurmungen, Impfungen, Kastrationen etc. und die Übernahme der Flugtransportkosten übernehmen, wenn am Heimatflughafen nicht ein Abholer,

meist der glückliche neue Besitzer, stehen würde? Tierschutz bedeutet Verantwortung zu übernehmen, und Tierschutz mit Verantwortung betreiben alle seriösen Tierschutzvereine. Keiner, der ein Tier gerettet hat, würde ihm eine ungewisse Zukunft wünschen.

Als Flugpate melden Sie sich vor Ihrem Reiseantritt oder auch während Ihres Urlaubs bei dem im Urlaubsort ansässigen Tierschutzverein oder bei dessen Partnerverein in Ihrem Heimatland und geben diesem Ihre Flugdaten durch. Egal, wohin Sie ins Ausland fliegen, es werden fast immer Flugpaten gesucht. Sie haben auch die Möglichkeit, sich vor Ihrem Urlaub bei:

- www. flugpaten.com,
- www.flugpaten.de,
- www.flugpate.org,
- www.abc-tierschutz.de

(Flugpaten Angebote & Gesuche) einzutragen. Sie können natürlich auch mit Hilfe einer Internet-Suchmaschine unter „Auslandstierschutz" oder direkt unter Suchbegriff: „Urlaubsort" und dann mit dem Wort „Tierheim", „Tierschutz" oder „Perrera" suchen, z. B. „Teneriffa Tierhilfe".

Die Anmeldung der Tiere bei der Fluggesellschaft übernimmt der Tierschutzverein, alle Kosten für den Transport werden vom Tierschutzverein übernommen. Tierschützer bringen die Tiere, die mit ihnen ausfliegen dürfen, zum Flughafen und checken diese mit dem Flugpaten gemeinsam ein. Selbstverständlich mit allen vorgeschriebenen Papieren. Das Tier wird im Frachtraum transportiert, aber Sie können natürlich auch Handgepäck anmelden, d. h., einen Hund oder eine Katze in einer kleineren Transportkiste oder einer Transporttasche in der Kabine transportieren. Das Tier im Frachtraum sehen Sie erst am Heimatflughafen wieder, wenn Sie es vom Gepäckband oder dem Sondergepäckband (je nach Flughafen) abholen. Dieses Sondergepäckband ist immer in der Nähe der normalen Gepäckbänder, also dort, wo Sie beispielsweise auch den Kinderwagen oder das Sportgepäck abholen. Sie transportieren das Tier dann gemeinsam mit Ihrem Reisegepäck in die Flughafenhalle, wo ein Tierschützer das Tier in Empfang nehmen wird. Meist lernen Sie dort auch schon die neuen Besitzer des Tieres kennen, die sehnsüchtig auf Ihre Ankunft gewartet haben. Es ist oft ein sehr emotionaler Moment.

■ Was muss ich in Bezug auf Haltung und Gesetze zur Haltung eines Hundes beachten?

In manchen Bundesländern gibt es einige Dinge, die sie bei der Haltung eines Hundes unbedingt beachten sollten. Ein Beispiel ist das Landeshundegesetz in Nordrhein-Westfalen. Halter von Hunden ab 20 kg und einer Größe von 40 cm müssen beim örtlichen Amtstierarzt den Sachkundenachweis erbringen. Erkundigen Sie sich bitte vor der Anschaffung eines Hundes gründlich, welche Pflichten, Bestimmungen und andere Vorgaben auf Sie zukommen.

Ihr Hund muss bei Ihrer Gemeinde angemeldet werden. Dies ist Pflicht. Über den Sinn und Unsinn dieser „Hundesteuer" könnte man stundenlang diskutieren, jedoch wird Sie dies auch nicht um die Zahlung dieser „Steuer" bringen. Sie brauchen eine gute Hundehaftpflichtversicherung. Lassen Sie sich ausführlich von verschiedenen Anbietern beraten. Wenn Ihr Tier in ein Auto läuft, kann dies ohne Versicherungsschutz sehr teuer für Sie werden. Im Durchschnitt kostet diese Hundehaftpflichtversicherung ca. 100 Euro im Jahr. Wenn Sie möchten, schließen Sie eine Krankenversicherung für Ihren Hund ab. Erkundigen Sie sich aber im Vorfeld, welche Leistungen abgedeckt sind und welche nicht, ob somit ein Abschluss Sinn macht oder nicht.

▪ Schutzvertrag?

Ein Tierschutzvertrag ist das A und O einer Vermittlung. Der Schutzvertrag wird meist am Flughafen gemacht oder, wenn der Hund erst in eine Pflegestelle ausgeflogen wird, direkt in der Pflegestelle. Die Direktübergabe am Flughafen ist normal und absolut üblich, da im Auslandstierschutz immer ein Mangel an Pflegestellen besteht. Wenn Sie einen Hund aus einem Tierheim in Deutschland holen, wird auch im Tierheim der Übernahme-/Schutzvertrag gemacht.

▪ Nachbetreuung?

Die Betreuung hört in der Regel nicht am Flughafen auf. Wenn sich ein Tierschutzverein nach einer Weile, z. B. aus Überlastung (man unterschätzt als Außenstehender oft, was die Helfer eines Tierschutzvereins leisten müssen), nicht meldet und sich nach dem Tier erkundigt, so melden Sie sich doch nach einiger Zeit (auch wenn es keine akuten Vorkommnisse gibt) und schicken Sie doch einfach ein Foto. Vor allem die Leute vor Ort auf der Insel freuen sich, wenn sie wieder etwas von ihren ehemaligen Schützlingen hören. Ich habe zum Beispiel erlebt, dass die Tierheimleiterin aus Fuerteventura sich sogar noch nach Jahren an einen bestimmten Hund und sogar an dessen Wesensart erinnern konnte. Natürlich wird das nicht bei allen Hunden so sein, aber jeder wird immer wieder den einen oder anderen Hund besonders lieb gewonnen haben. Deshalb fällt der Abschied auch manchmal dem Tierheimteam schwer. Denn einige Tiere bleiben lange Zeit im Tierheim und durch die tägliche Pflege und Fürsorge wächst eine Bindung zwischen Mensch und Tier, auch wenn man dagegen ankämpft. Selbst wenn man weiß, dass die Hunde in eine bessere Zukunft ausfliegen, ist trotzdem bei dem einen oder anderen Tier ein „Vermissen" spürbar. Als ich vor vielen Jahren meinen ersten Kanarenhund direkt auf Fuerteventura abholte und damit auch meine Arbeit für den dort ansässigen Tierschutzverein OKAPI begann (ich vermittle u. a. Hunde über die Tierhilfe Fuerteventura e.V.), standen Barbara, einer der Pflegerinnen Tränen in den Augen, als unser Hund Falko mit uns ausflog. Bei manchen Hunden fliegt eben immer ein Stück Herz mit ...

▪ Patenschaft?

Manche Hunde sind zu alt oder zu krank und können nicht mehr ausgeflogen werden. Hier haben Sie die Möglichkeit, sich mit einem gewissen Betrag an den monatlichen Kosten für das Tier zu beteiligen. Sie übernehmen die Patenschaft für ein Tier, und im Idealfall bekommen Sie von Zeit zu Zeit auch eine Rückmeldung darüber, wie es Ihrem Tier geht. Vielleicht können Sie Ihren Patenhund auch mal besuchen. Ich kann Ihnen versichern: Es wird ein unbeschreibliches Gefühl für Sie sein, diesen Hund dann Vor Ort kennen zu lernen. Es ist auch eine wunderbare Lösung, wenn die Lebensumstände es nicht erlauben, einen eigenen Hund zu haben oder einen weiteren Hund halten zu können.

Es gibt viele Wege zur Übernahme einer Patenschaft. Fragen Sie, wenn Ihnen ein Tier besonders am Herzen liegt und die Vermittlungschancen gering sind, beim Tierheim oder Tierschutzverein nach. Dies ist oft auch bei Hunden in deutschen Tierheimen so. Durch Ihren Einsatz tragen Sie zur Versorgung eines Tieres bei.

Ich persönlich bin natürlich der Finca Esquinzo (erster Gnadenhof der Kanaren) sehr zugetan, da ich die Hunde dort schon seit Jahren kenne und liebe. Besuchen Sie doch mal die Homepage der auf Fuerteventura ansässigen Finca Esquinzo: www.fincaesquinzo.de

Alt gewordenen Pferden das Gnadenbrot zu geben und Hunden nicht nur, wenn sie jung sind, sondern auch im Alter Pflege angedeihen zu lassen, ist Ehrenpflicht eines guten Menschen.

(Marcus Portius Cato, 234 - 149 v. Chr)

Geben Sie einem Hund aus dem Ausland eine zweite Chance im Leben, wenn Sie kein geeignetes Tier in einem deutschen Tierheim in Ihrer Nähe gefunden haben. Sie werden es nie bereuen, einem Not leidenden Tier eine Chance auf ein besseres Leben gegeben zu haben.

Meine Familie und ich haben schon vielen Hunden eine neue Lebenschance gegeben. Unsere so genannten „Secondhand-Hunde" haben uns nie enttäuscht – weder die Hunde aus Deutschland noch die aus dem Ausland!

Bitte vor der Anschaffung eines Tieres lesen:

DIE 12 BITTEN EINES HUNDES AN DEN MENSCHEN

1. *Mein Leben dauert 10 oder 12 Jahre.*

2. *Jede Trennung von Dir wird für mich Leiden bedeuten.*
    Bedenke es, eh' Du mich anschaffst.

3. *Gib mir Zeit zu verstehen, was Du von mir verlangst.*

4. *Pflanze Vertrauen in mich. Ich lebe davon.*

5. *Zürne mir nie lange und sperr' mich zur Strafe nicht ein.*

6. *Du hast Deine Arbeit, Dein Vergnügen, Deine Freunde. Ich habe nur Dich.*

7. *Sprich' manchmal mit mir! Wenn ich auch Deine Worte nicht ganz verstehe,*
    so doch die Stimme, die sich an mich wendet.

8. *Wisse, wie immer an mir gehandelt wird, ich vergesse es nie.*

9. *Bedenke, eh' Du mich schlägst, dass meine Kiefer mit Leichtigkeit die*
    Knöchelchen Deiner Hand zu zerquetschen vermögen, dass ich aber
    keinen Gebrauch von ihnen mache.

10. *Eh' Du mich bei der Arbeit unwillig beschimpfst, bockig und faul zu sein,*
    bedenke, vielleicht plagt mich ungeeignetes Futter, vielleicht war ich
    zu lange der Sonne ausgesetzt oder habe ein verbrauchtes Herz.

11. *Kümmere Dich um mich, wenn ich alt werde. Auch Du wirst einmal*
    alt sein!

12. *Geh' jeden schweren Gang mit mir. Sage nie: „Ich kann so was nicht sehen."*
    oder „Es soll in meiner Abwesenheit geschehen."

Alles ist leichter für mich ... MIT DIR!

(Autor unbekannt)

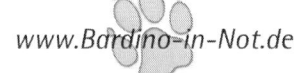

■ Hund entlaufen? Was tun?

Wenn Ihnen Ihr Hund entläuft, weil er beispielsweise einem Hasen folgt oder durch ein Geräusch verängstigt wurde, bleiben Sie dort stehen, wo Ihr Hund weggelaufen ist, und warten Sie erst einmal ab. Rufen Sie mehrmals Ihren Hund! Meist kommt der Hund nach kurzer Zeit wieder zu dem Ort zurück, von dem aus er auch weggelaufen ist. Passiert dies nicht, so sprechen Sie nach Möglichkeit direkt Spaziergänger an und fragen Sie nach, ob man Ihren Hund gesehen hat.

Bleiben diese Versuche erfolglos, melden Sie Ihren Hund sofort bei dem Haustierregister TASSO, dem Haustierregister des Deutschen Tierschutzbund und der IFTA (International Zentrale Tierregistrierung) als vermisst. Sollte Ihr Hund hier noch nicht registriert sein, tun Sie das umgehend und melden Sie ihn direkt danach als vermisst. Dies kann auch online über Internet erledigt werden.

■ **Deutscher Tierschutzbund:**
 http://www.tierschutzbund.de
 24h-Service-Telefon: +49 (0)2 28 - 6 04 96 35 oder
 Hotline 0 18 05 - 23 14 14

■ **Tasso-Tiernotruf:**
 http://www.tiernotruf.org
 24 Stunden Notrufnummer: +49 (0) 61 90 - 93 73 00

■ **IFTA, International Zentrale Tierregistrierung:**
 http://www.tierregistrierung.de/
 Sie erreichen IFTA weltweit gebührenfrei unter der Nummer:
 00800-IFTA0000 (00800-43820000).

Informieren Sie die ortsansässigen Tierärzte, Tierkliniken, Jagdaufseher, Förster sowie die Polizei, Feuerwehr, Straßenmeisterei, die Ordnungsämter der Städte und Gemeinden bzw. die zuständige Gemeindeverwaltungen. Sollten Sie in der Nähe von einer Bahnstrecke wohnen, so informieren Sie auch die Bundespolizei. Die Bundespolizei ist für Bahnunfälle zuständig.

Fragen Sie unbedingt bei den Tierheimen und Tierschützern in Ihrer Umgebung (im Umkreis von bis zu 50 km) nach, ob Ihr Tier vielleicht inzwischen dort hingebracht wurde, ansonsten melden Sie es dort direkt als vermisst.

■ **Ein Tipp:** Fragen Sie mehrmals in den Tierheimen nach. Es könnte ja sein, dass derjenige, der am Telefon war, die Mitteilung nicht weitergegeben hat. Ich kann Ihnen nur raten, Tierheime und Tierschutzvereine nach der ersten telefonischen Meldung direkt am nächsten Tag persönlich aufzusuchen. Es kann durchaus passieren, ohne böse Absicht, dass ein Fundhund zwar aufgenommen wurde, man jedoch noch nicht überprüft hat, ob ein entsprechendes Tier gesucht wird! So saß eine entlaufene Bardina einmal 10 Tage lang in einem deutschen Tierheim; das Mikrochip-Lesegerät war defekt, und mit der Hunderasse Bardino konnte man nichts anfangen! Ein deutscher Tierschutzverein hatte vor einiger Zeit 21 Tage lang einen sehr ängstlichen entlaufenen Bardino-Rüden in Obhut; als er schließlich zum Tierarzt gebracht wurde, um ihn impfen und einen Mikrochip setzen zu lassen, bemerkte der Tierarzt, Gott sei Dank, dass der Bardino-Rüde bereits einen Mikrochip besaß und schon seit Wochen überall als vermisst gemeldet war!

Hängen Sie Suchzettel, nach Möglichkeit mit einem Foto des gesuchten Tieres, überall an zentralen Anlaufstellen aus, zum Beispiel im Supermarkt, in Arzt- und Tierarztpraxen, an Tank- und Bushaltestellen, an Schulen, an Kindergärten, in der Buszentrale, an Schaufenstern von Geschäften, einfach überall dort, wo viele Menschen aufeinander treffen. Informieren Sie aber auch Taxizentralen und Postboten. Gerade Taxifahrer, Postboten und Busfahrer kommen viel herum und könnten ein entlaufendes Tier entdecken! Suchplakate kann man im Übrigen auch direkt von TASSO beziehen.

Schalten Sie eine Anzeige in Ihrer Tageszeitung! Wenn möglich, informieren Sie auch einen Radiosender und bitten Sie Ihre Suchmeldung zu senden!

Bei Angsthunden nehmen Sie SOFORT Kontakt mit einem professionellen Tierfänger auf! Angsthunde sind im Verhalten unberechenbar und gerade Hunde, die schon einmal im Ausland auf der Straße gelebt haben, sind Meister der Tarnung und Überlebenskünstler, die leichter Nahrung aufspüren als Hunde, die behütet aufgewachsen sind. Wenn Sie wissen, dass Ihr Hund immer wieder an der Futterstelle frisst und auch dort gesehen wurde, macht es auch Sinn, den Hund mit einer Hundefalle einzufangen. Gerade bei ängstlichen Hunden ist das oft die einzige Möglichkeit! Richten Sie daher unbedingt dort, wo der Hund entlaufen ist, eine Futterstelle ein und stellen Sie dem Hund dort mehrmals täglich Futter bereit. Legen Sie ihm dort auch seine Decke o. ä. hin, was nach ihm riecht! Gerade Hunde aus dem Ausland hatten noch nie ein eigenes Deckchen oder Körbchen und oft bedeutet dies ihnen sehr viel.

Sollten Sie noch einen Zweithund haben, gehen Sie in der Nähe, wo Ihr Hund entlaufen ist, spazieren. Wenn Ihr Tier vor Ihnen Angst hat, warum auch immer, so erkennt es vielleicht doch den Spielkameraden und wird sich Ihnen auf diesem Weg eventuell wieder nähern!

Sollte Ihr Hund am dritten Tag noch nicht wieder aufgetaucht sein, so sollte Sie auf jeden Fall ein Suchhund eingesetzt werden. Für diesen Fall ist es wichtig, dass Sie umgehend einen Geruchsartikel, der ausschließlich den Geruch des entlaufenden Tieres trägt, in einen sauberen Gefrierbeutel einpacken und verschlossen lassen. Dies wird benötigt, damit der Suchhund die Fährte aufnehmen kann. Am besten bietet sich hier ein weicher Gegenstand an, da an diesem wahrscheinlich die meisten Partikel haften.

Wenn der Hund nicht in die Hundefalle gehen sollte, was selten passiert, so besteht noch die Möglichkeit, das Tier mit einer so genannten Distanznarkose, d.h. mit einem Betäubungsgewehr außer Gefecht zu setzen.
Dies sollte nur von jemandem gemacht werden, der sein Handwerk versteht!

Ich kann Ihnen aus eigener Erfahrung den Tierfänger und Hundeerzieher/ Verhaltensberater Frank Weißkirchen empfehlen. Er hat das Know-how und die entsprechende technische Ausrüstung, um Ihr Tier mit Suchhund, Lebendfallen oder, wenn notwendig, mit Distanznarkose (Betäubungsgewehr) zu finden bzw. einzufangen.

Kontakt: Frank Weißkirchen
Fockenbachsmühle
53547 Breitscheid
E-Mail: hundentlaufen@t-online.de
Tel: 0 26 38 / 94 55 79
Mobil: 0163 / 6 94 55 79 oder 0178 / 6 94 55 79
Homepage: http//www.hundentlaufen.de

Frank Weißkirchen ist bundesweit im Einsatz!

Viele mir bekannte Tierschutzvereine, u. a. die Tierhilfe Fuerteventura e.V. und Menschen für Tiere Taunus e.V., haben erfolgreich mit Herrn Weißkirchen zusammengearbeitet!

Ich wünsche Ihnen jedoch von Herzen, dass Sie nie Ihr Tier suchen müssen!

Die Tiere empfinden wie der Mensch Freude und Schmerz,
Glück und Unglück.
Sie werden durch dieselben Gemütsbewegungen betroffen wie wir.
(Charles Darwin, 1809-1892)

Von Bardinos, die wir lieben ...

◼ Kimba, unser Straßenhund

Kimbas Geschichte kennen Sie ja schon ein wenig aus der Geschichte „Der alte Bardino", aber es gibt noch mehr zu berichten.

Eigentlich gibt es auf Fuerteventura nicht mehr so viele Straßenhunde. Die Hundefänger der verschiedenen Gemeinden sind ständig unterwegs, um streunende Hunde einzufangen.

Kimba sahen wir in Corralejo mehrmals völlig entspannt seine Wege gehen. Da er gut genährt war, keine äußerlichen Anzeichen auf Krankheiten hatte und sich scheinbar im Gebiet „zu Hause" fühlte, fingen wir Kimba nicht ein und ließen ihn, wie viele Hunde, die auf den Kanaren zwar Besitzer haben, aber sich ab und zu „verselbständigen" und alleine Gassi gehen, seine Wege ziehen.

Für einen Bekannten in Deutschland sollten wir von unserer Urlaubsreise einen ca. 45 cm großen Hund aus Fuerteventura mitbringen. Als ich darauf von einer Rezeptionistin unseres Hotels erfuhr, dass dem Gärtner ein weißer, eher scheuer und abgemagerter Hund mit schwarzen Pfötchen aufgefallen sei, der herrenlos in der Hotelanlage herumstreune, dachte ich mir, dass dies vielleicht der passende Hund für unseren Bekannten sei.

Da die Tierhilfe Fuerteventura e.V. gerade eine Katzenkastrationsaktion in unserem Hotel hatte, bat ich eine sehr liebe Freundin, Brigitte Ducat, sie solle versuchen, den weißen Hund mit den schwarzen Pfötchen einzufangen. Ich würde ihn dann mit nach Deutschland nehmen.

Schon ein paar Tage später rief mich Brigitte an und teilte mir stolz mit, dass Sie den Hund eingefangen habe und er bis zu unserer Abreise bei ihr im Appartement bleiben dürfe. Der Hund war - so fuhr meine Freundin fort - bereits dem Tierarzt vorgestellt worden, war auch bereits geimpft und „gechipt", also quasi ausreisefertig. Nur für die Kastration in Deutschland müsse ich schnellstens sorgen, da sich auf der Kastrationsliste des Tierheims schon viele andere Hunde befänden und die Tierheimhunde natürlich vorrangig behandelt wurden.

Kurz vor unserer Abreise besuchte uns Brigitte und brachte den Hund mit – es war Kimba ... Erst begriff ich nicht, dass Kimba, ein wunderschöner schwarz gestromter Bardino-Mischling mit weißen Pfötchen, der von uns gesuchte weiße Hund mit schwarzen Pfötchen sein sollte. Als ich dann die Verwechslung aufklärte, war erst einmal große Ratlosigkeit angesagt. Was wäre letztendlich für Kimba richtig? Wieder laufen lassen? In die überfüllte Perrera bringen? Für uns kam nur eines in Frage: Wir würden ihn mitnehmen und auch als „etwas größeren" Hund unserem Bekannten vorschlagen. Unser Bekannter war von der Größe sehr beeindruckt. Leider klappte es dann mit dem Straßenhund doch nicht so gut und so landete Kimba nach ein paar Tagen wieder bei uns und blieb für immer.

Mittlerweile hat er sich entschlossen, bei meinen Eltern nebenan zu leben. Warum? Ihm ist unser Familienleben mit Kindern und mehreren Hunden wohl etwas zu turbulent. Er bevorzugt es, mehr Ruhe und ein Sofa für sich alleine zu haben. Für uns ist das in Ordnung, denn wir sehen uns sowieso ständig. Manchmal kommt er auch zu uns herüber und legt sich auf seinen alten Platz. Wenn unsere Augen sich dann treffen, zeigt er mir seine schönen weißen Zähne und grinst. Ja, er grinst mich richtig an. Jedes Mal. Ich glaube, er denkt er sei ein echter Kerl, weil er sich ein Stück Freiheit genommen hat und sich letztendlich seine „Besitzer" selbst ausgesucht hat: meine Eltern.

Für jeden Menschen wird ein Tier geboren,
man muss sich nur finden.

(Anja Griesand)

www.Bardino.de

Icu, unsere Guanchenprinzessin

Icu sollte eigentlich nur als Pflegehund zu uns kommen, da sie einen außerordentlich stark ausgeprägten Hütetrieb hatte und wir ihn in die richtigen Bahnen lenken wollten. Jedoch hatte ich die Rechnung ohne unseren damals 7-jährigen Sohn Colin Finn gemacht. Er hielt Icu nämlich für sein vorzeitiges Geburtstagsgeschenk und arbeitete unermüdlich in den kompletten Sommerferien mit mir zusammen an der Erziehung dieser sehr selbstbewussten Hündin.

Wenn ich keine Zeit hatte für ihr Trainingsprogramm hatte, übernahm er es. Und somit wurde Icu immer mehr zu „seinem" Hund. Sie war ständig in seiner Nähe, er war ihr Lebensmittelpunkt geworden. Wo Colin Finn war, war auch Icu. Irgendwann verliebte sich Icu dann in unseren Presa-Bardino-Doggen-Mix Johnny Walker, mit dem sie sehr schnell quasi eine „wilde" Ehe einging. Mittlerweile sind sie allerdings „rechtmäßig" getraut. Eine wunderschöne Hundehochzeit wurde gefeiert, und als die Frage der Fragen kam „Willst du Johnny Walker die hier anwesende Icu Prinzessin aus Fuerteventura heiraten, so schnapp das Leckerchen", hätte beinah einer der Hundegäste, der Bardino Ben, das Leckerchen geschnappt. Aber Johnny war letztendlich schneller und somit verheiratet. Auf dem Foto (links) sehen Sie übrigens Icu mit ihrem Brautschmuck, einer Muschelkette.

Eines Abends, ich war mit den Hunden Gassi, zelteten unsere Söhne auf unserem Grundstück. Dies hatten unsere Hunde nicht mitbekommen. Wir ließen die Terrassentür auf. Irgendwann in der Nacht wollte Colin Finn auf die Toilette gehen. Er öffnete das Zelt, Icu stand von ihrem Platz im Haus auf, Colin Finn lief langsam über unser Grundstück, Icu knurrte und folgte im Wohnzimmer die von außen leicht zu hörenden Schritte. Als Colin Finn dann auf der Terrasse ankam, fletschte Icu schon bitterböse die Zähne und knurrte in einem so tiefen Brustton, dass jeder Einbrecher garantiert keinen Schritt weitergegangen wäre. Dann geschah es: Colin Finn, der im Dunkeln stand, öffnete die Tür und trat ins Haus. Er hatte zwar das Knurren gehört, doch es war doch von „seiner" Hündin. Sowie er das Haus betrat, schoss Icu vor und packte ihm am Bein. Alles ging sehr schnell. Ich hörte nur noch Colin Finn sagen: „Ich bin es doch, dein Colin!" und rannte schon die Treppe hinunter. Icu war sofort in Demutshaltung und urinierte vor lauter Demut und Angst unter sich. Sie leckte Colin Finn die Füße, konnte das alles nicht verstehen. Und nun die große Überraschung: Colin Finn hatte nicht mal eine Kratzer, obwohl die Hündin ihn wirklich geschnappt hatte – jedoch so, wie nur ein Hütehund zuschnappen kann, wenn er „hält". Icu musste sich erst mal „beruhigen", und ich schickte sie auf ihren Platz. Colin Finn nahm sie später in den Arm und „tröstete" sie. Das alles war 4 Wochen nach ihrer Ankunft, und in diesem Moment war mir klar, dieser Hund wird nie wieder unser Heim verlassen.

Wir haben es noch keine Sekunde bereut. Ich habe noch nie eine stärkere Hündin erlebt als Icu. Icu weiß, wer sie ist, was sie tut und was erwartet wird. Sie würde für uns sterben. Keinen noch so kleinen Augenblick würde ich ihre Intuition in Bezug auf Gefahr in Frage stellen. Sie weiß genau, wann sie wie zu reagieren hat. Besonders bei Nacht ist sie immer „hellwach" und ihr Knurren ist sensationell. So ein tiefes Knurren würde ich bei einer Hündin nie erwarten.

Auch Lobo wollte sich am Anfang mit Icu messen und verlor innerhalb von wenigen Sekunden seinen Hochmut. Icu hatte ihn sofort auf den Rücken geworfen, es sah fast aus, als habe sie einen Judogriff angewendet, und drückte Lobo hinunter. Sie lag förmlich mit ihrem ganzen Körpergewicht auf Lobo und zeigte ihm ganz offensichtlich, wo er sich in der Rangfolge befand. Noch Stunden später machte Lobo einen großen Bogen um Icu. Icu ist der glücklichste Hund, wenn sie zwischen Colin Finn und mir auf dem Sofa liegen darf, alle Hunde auf ihren Plätzen liegen, alle ihre „Menschen" in ihrer Nähe sind und sie entspannt mit uns schmusen kann. Unsere „Alarmanlage" ist ein Traumhund, jedenfalls für ihre Besitzer.

Er wird bei Dir sein, um Dich zu trösten,
Dich zu beschützen, sein Leben für Dich zu geben.
Er wird loyal zu Dir sein, in guten und in schlechten Zeiten.
Er ist ein Hund.

(Jerome K. Jerome, 1859-1927)

Lobo, unser Winterhund

Als wir am 20. Dezember 2005 auf Fuerteventura landeten, um dort auf der Finca Esquinzo 3 Wochen Urlaub zu machen, konnten wir noch nicht ahnen, dass wir schon einen Tag später unser neues Familiemitglied kennen lernen sollten.

Früh am Morgen sagte mir Andrea Wittwer, die gemeinsam mit ihrem Mann Thomy und den Kindern Cecilia und Kim sowie dem alten Spanier Juan auf dem Gnadenhof „Finca Esquinzo" lebt und dort die Hunde betreut, dass sie nach La Oliva in die Tötung fahren würden, um einen alten Bardino abzuholen. Komischerweise hatte ich gleich so ein Bauchgefühl, dass dieser alte Bardino „unser" Hund werden würde. Als eine Stunde später der mindestens 10-jährige Bardino ankam, sah ich zu meinem Entsetzen einen völlig abgemagerten, aber wenig verunsicherten reinrassigen Bardino, der sofort das Gehege markierte.

Relativ schnell war mir klar, dass dieser Hund ein Defizit im Verstehen der Hundesprache haben musste. Er verstand einfach alles falsch, und innerhalb von wenigen Tagen hatte er mehrere „Hundekämpfchen" hinter sich. Seine Backe schwoll so stark an, dass es aussah, als habe er eine Schlaganfall erlitten. Da er sich jedoch immer wieder mit anderen Hunden anlegte, wurde er auch immer wieder in die schmerzende Backe gebissen. Es wurde und wurde also nicht besser.

So begann ich schließlich, mich intensiv um ihn zu kümmern. Wir nannten ihn „Lobo Mojo". Wir konnten ihn damals nicht „nur" Lobo nennen, denn Wittwers hatten schon einen Lobo und daher bekam er quasi den Nachnamen Mojo. Eigentlich hätte Loco (spanisch: verrückt) damals besser zu ihm gepasst.
Schnell merkte ich, dass er, sobald ich ihn nur in irgendeiner Form bedrängte (sei es durch eine schnelle Bewegung in seine Richtung oder durch das Beharren auf ein ihm bereits beigebrachtes Kommando wie „Hier!") sofort vor ging und versuchte, nach meinem Mann oder mir zu beißen. Unseren Kindern gegenüber blieb er stets freundlich, auch in Stresssituationen.

Ich begann also damit, ihn bewusst in Situationen zu bringen, die ich dann gemeinsam mit ihm meisterte, ohne dass er sein Ziel, nach mir zu schnappen, durchsetzen konnte. Mir war relativ schnell klar: Falls er auf der Finca

Esquinzo bliebe, würde er dort – bedingt durch sein Unverständnis und Fehlverhalten – mit hoher Wahrscheinlichkeit früher oder später einen Menschen oder anderen Hunden beißen. Und da auf der Finca Rudelhaltung üblich ist, wäre es irgendwann sein letzter Kampf gewesen.

Lobo wusste meine Bemühungen um ihn sehr wohl zu schätzen. Wenn er mich sah, bellte er fortwährend, sprang am Zaun hoch, biss ins Gitter und lief in den großen Gehegen auf und ab. Er war völlig auf mich fixiert. Schon als er auf der Finca ankam, drehte er sich immer zu mir um. Ich hatte ihn zu diesem Zeitpunkt weder angesprochen noch mich ihm genähert. Es war lediglich ein Blickkontakt. Wenn ich wegfuhr, bekam er vor lauter Panik Durchfall, was ihm auch heute noch manchmal passiert. Er regt sich einfach zu sehr auf. Er tanzt wie ein Zirkuspferd, wenn er hört, dass ich in die Garage fahre.

Sowie ich mit Lobo alleine außerhalb der Finca Esquinzo unterwegs war und wir unsere kleinen Übungen machten, war er wie ausgewechselt. Er war dann ruhig und zeigte ein verstecktes, aber ausgeglichenes Wesen. Er schmuste mit mir, beruhigte sich, genoss die Momente der Ruhe, genau wie ich.
Ich erfuhr von seiner ehemaligen Betreuerin, dass Hundefänger ihn als Streuner aufgegriffen hatten, was mir die Panik beim Bedrängen erklärte. Offen blieb aber die Frage, wieso er absolut nicht ängstlich war und sogar vor ging? War es nur Unsicherheit oder sein Stolz, der ihm immer selbst im Weg stand?

Uns war klar: Wenn wir ihn nach Deutschland mitnehmen würden, hätten wir über Monate viel zu tun, vor allem ich. Da ich aber nicht zum Aufgeben neige, alle Wege gehe und diese auch ausschöpfe, flog er am 9.1.2006 mit uns nach Frankfurt/Main aus. Die eisige Winterkälte liebte er vom ersten Moment an. Lobo liebt Schnee! Es war, als wäre er für den Schnee geboren. Vielleicht hielt er den Schnee für kalten Sand?

Lobo ist ein sehr intelligenter Hund. Er hat sofort kapiert, dass man Terrassentüren und halb angelegte Türen mit einem Nasenstupser öffnen kann. Er hat auch gleich durchschaut, dass alles bei uns nach einem bestimmten Ritual abläuft. Die Fütterungsreihenfolge ist immer gleich. Es gibt keine Änderung. Auch nicht, wenn er noch so viel jammert und mich „schubst". Man glaubt es kaum, doch hört Lobo am Vormittag einen bestimmten Klingelton unseres

Telefons (unsere Familie und enge Freunde haben einen anderen Klingelton, als beispielsweise Tierschutzanrufer) rennt er sofort in unser Wohnzimmer, schaut über die Terrassentür zu meinen Eltern, sieht er dann, dass dort der Rollladen hochgezogen ist, fängt er an sich unbändig zu freuen und zu bellen, denn jetzt weiß er, wir gehen gemeinsam mit meiner Mutter und deren Hunden Gassi. Er flitzt dann sofort zur Haustür und mischt das ganze Rudel auf. Wer uns nicht sieht, hört uns. Jedenfalls am frühen Vormittag.

Mit viel Geduld haben wir Lobo erzogen. Mittlerweile toleriert er sogar fremde Hunde. Manchmal zeigt er sogar Ansätze, mit den Hunden aus unserem Rudel zu spielen. Es wirkt manchmal so, als könne er nicht über seinen Schatten springen und wirklich ausgelassen spielen. Sicher hat er sein Leben an einer Kette gefristet und nie gelernt zu spielen.

Eine besondere Zuneigung hat Lobo zu unseren beiden Söhnen entwickelt. Da Colin Finn bereits zwei eigene Hunde hat (Bardina Icu und Dogo Canario Oso) und Cedric Connor eine besondere Zuneigung zu alten Tieren hat, kümmert er sich mit großer Liebe um „seinen" Hundeopa Lobo. Besonders seit sein alter Bardino „Bardino" gestorben ist, hängt er mit all seiner Liebe an Lobo. Wenn die beiden zusammen Gassi gehen und sich dabei „unterhalten", sieht man den Einklang der Seelen. Die beiden verstehen sich auch ohne viele Worte und Lobo weiß genau, von wem er immer ein heimlich zugestecktes Extraleckerchen bekommen kann.

Lobo hat viel gelernt, er kann auch mittlerweile seinen unbändigen Stolz mal hinten anstehen lassen. Es hat viel Liebe und Mühe gekostet, ihn ein Stück so zu akzeptieren, wie er ist, und ihm seine kleine „Eigenarten" zu lassen. Jeder Mensch ist anders, jeder Mensch hat seine Stärken und Schwächen. Und genau wie wir unseren Mitmenschen ihr Anderssein zugestehen, so sollte man auch einem Tier ein Stück weit seine Persönlichkeit und somit seine Einzigartigkeit lassen.

Lobo ist ein klasse Hund! Man muss ihn nur verstehen lernen.
Wir sind froh, dass wir ihn haben!

Nachruf vom 4. Mai 2008:
Heute, kurz nach Mitternacht, verstarb auch unser wunderbarer Bardino-Rüde
Lobo. Auch er sollte das Erscheinen dieses Buches nicht mehr erleben dürfen,
dabei liegt das Buch mir fertig vor und ich muss es nur noch einmal durchlesen
und für den Druck freigeben. Welch eine Ironie des Schicksals. Es ist mir gleich
zweimal passiert... Erst mit Bardino und nun mit Lobo.

Mein Herz zerspringt beim Gedanken an Dich,
bist Du nun angekommen am Licht?
Du fehlst mir so sehr, leb wohl,
ich gebe Dich nun her, hoch in die Wolken und ganz nah
ans Licht, ich schwöre Dir, ich vergesse Dich nicht.
(Autor unbekannt)

Ach Lobo, wir alle vermissen Dich so sehr, dein Brummeln, wenn Dir etwas nicht passte, deine Sturkopf, wenn mal etwas anders war als im Normalfall, deine lustige Art, mich auf Dinge, die Dich betrafen, aufmerksam zu machen, und deine absolute Zuneigung und Liebe zu uns. Niemals mehr werde ich darüber lachen, wenn du Dich beim Gassigang mit anderen Familienmitgliedern vorzeitig allein auf den Heimweg gemacht hattest, um schnell wieder bei mir zu sein. Völlig entrüstet standest du vor der Haustür: Wie konnte ich nur nicht mitgehen? Du wolltest mich überall und immer um Dich haben und mich bei der Autofahrt zu begleiten war deine große Leidenschaft. Hauptsache dabei sein, egal wohin es ging, war stets deine Devise. Ich werde es vermissen, in die Garage zu fahren und Dich schon vor der Tür zum Haus begrüßen zu können. Ich werde nie wieder nachts aufwachen und Dich direkt neben meinem Bett auf deinem Platz liegend zu wissen. Du wirst mich niemals mehr mahnend anschauen, wenn ich zu lange im Bett lese und Dich das Licht blendet. So vieles wird anders sein ... Du warst, ebenso wie Bardino, mein ruhender Pol...

Was man tief im Herzen besitzt,
kann man nicht durch den Tod verlieren.
(Johann Wolfgang von Goethe, 1710-1782)

Lobo, hoffentlich hast Du im Himmel so viel Spaß wie in den letzten zweieinhalb Jahren mit uns. Und noch mehr! Irgendwann sehen wir uns wieder, bis dahin tragen wir dich in unseren Herzen. So bist Du immer ganz nah bei uns.

Die Erinnerung ist das einzige Paradies,
aus dem wir nicht vertrieben werden können.
(Johann Paul Friedrich Richter, 1763-1825)

■ Donna, unser Schwiegerhund

Seit vielen Jahren versuchte ich nun schon, meine Schwiegermutter Renate zu überreden, sich wieder einen Hund anzuschaffen. Irgendwann hatte ich sie dann soweit.

Wir hatten schon länger in unserem Tierheim auf Fuerteventura eine Bardina namens Tiflis, die gemeinsam mit ihrer Tochter Tonja aus der Tötung von La Oliva gerettet wurde. Ich wusste vom ersten Moment an, dass ich genau die passende Hündin für meine Schwiegermutter vor mir hatte. Ich musste meine Schwiegermutter nur noch überzeugen. Ein wirklich gutes Foto musste her, und wenn man Tiflis Augen sieht, die so viel Wärme ausstrahlen, dann kann man nicht anders. Ich hatte schon mit dem ersten Foto gewonnen.

Tiflis flog am 14. Oktober 2006 nach Frankfurt aus und wurde noch am Flughafen in Donna umbenannt.

Donna kannte nichts, sie war sehr unsicher. Menschen kannte sie wohl, jedoch hatte sie recht neutrale Erfahrungen gemacht. Ich kann nicht sagen, dass sie Angst gezeigt hätte, sie war einfach nur unsicher und man merkte, dass sie nichts kannte. Ihre erste Nacht im neuen Land verbrachte sie bei uns, was wichtig war, denn sie ist auch oft bei uns zu Besuch und muss in unserem Rudel aufgenommen werden.

Donna hatte vor vielen Dingen Angst. Das Autofahren verknüpfte sie mit „es wird etwas passieren, es wird sich etwas ändern", denn immer wenn sie in ihrem alten Leben mit dem Auto fuhr, passierte etwas. Sie wurde gemeinsam mit ihren beiden Welpen von Hundefängern eingefangen und in die Tötung gebracht, von dort wurde sie mit dem Auto in unser Tierheim auf Fuerteventura gebracht, von dort zum Kastrieren zu unserem Tierarzt, dann wieder zurück in die Perrera, dann zum Flughafen, vom Flughafen in ein neues Leben ... Wie sollte Donna verstehen, dass das Autofahren nichts Schlimmes ist? Mit viel gutem Zureden stieg sie von Tag zu Tag selbstsicherer und irgendwann auch erwartungsvoll und mittlerweile sogar freudig ins Auto ein, denn sie verknüpfte irgendwann die Autofahrt mit Gewohnheit: Jeden Tag ging es morgens nach dem Gassigang und dem Frühstück in die Firma

meiner Schwiegereltern, dann mittags hinaus ins Feld zum Gassigang, abends wieder nach Hause und wieder Gassigang und viele Fahrten endeten bei uns zu Hause, wo sie immer wieder gern ist, denn sie liebt es, mit unseren Hunden zu toben.

Es ist schon seltsam, manchmal brauche ich nur ein Foto von einem Hund zu sehen und ich weiß, wie der Hund ist. Ich habe mich noch nie in einem Hund geirrt. Besonders glücklich mit ihren Hunden wurden die Leute, die mir die Wahl des Hundes überließen, denn wie jeder Vermittler habe auch ich immer einen „Liebling". Damals war Tiflis, heute Donna mein Liebling und meine Schwiegermutter ist sehr glücklich mit ihrer Hündin, die übrigens stets frei läuft und jederzeit abrufbar ist.

Donna hat bardinotypisch äußerst wenig Jagdtrieb (Donna zeigt sogar über-haupt keinen Jagdtrieb) und kann stets aus jeder Situation herausgerufen werden. Sie läuft meistens ohne Leine und liegt sogar bei geöffnetem Hoftor ohne Leine im Hof, ohne das Grundstück zu verlassen.

Mit Donna hat unsere Familie einen weiteren Glücksgriff gemacht. Aber was will man anderes erwarten, wenn man sich einen Bardino anschafft?

Der Hund hat im Leben ein einziges Ziel:
Sein Herz zu verschenken.

(Autor unbekannt)

◼ Danksagung

◼ Mein ganz besonderer Dank gebührt natürlich in erster Linie unseren Söhnen Cedric Connor und Colin Finn, die echte Tierschutzkinder sind. Ihr seid was ganz Besonderes! Ihr habt das Herz auf dem richtigen Fleck. Solche Kinder braucht die Welt! Ich habe Euch sehr, sehr lieb und bin sehr stolz auf Euch. Ich danke Gott jeden Tag dafür, dass es Euch in meinem Leben gibt!

◼ Tausend Dank auch an meinen Mann Carsten, der mich oft nächtelang am Computer tippen hörte. Ich weiß, das Leben mit einem leidenschaftlichen Tierschützer ist nicht immer einfach, aber trotzdem durfte ich auf Deine Unterstützung bauen. Danke, für alles! Ohne Dich wäre vieles nicht möglich gewesen.

◼ Ich danke meinen Eltern, Helga und Rainer Griesand, die dieses Buch zuallererst lesen durften und die immer für mich da sind. Danke für alles, was Ihr für mich getan habt und noch tun werdet. Ich weiß es zu schätzen!

◼ Vielen Dank an meine Seelenverwandte, die Tierärztin und Tierschützerin Kerstin Bremmes, für die jahrelange Freundschaft. Wir ergänzen uns hervorragend, daher haben wir auch den ganz besonderen Draht zueinander. Kerstin, Mia und Ingo, ihr seid wunderbar!

◼ Ferner danke ich meiner langjährigen Freundin Marion für ihre Freundschaft und stetige Unterstützung im Tierschutz. Marion und Michael Stühler, ihr seid tolle Freunde.

◼ Außerdem danke ich meiner „weltbesten Anne": Anne Beck. Mit dir macht Tierschutzstress am meisten Spaß! Schön, dass es Freunde und Tierschützer wie Dich gibt.

◼ Auch Dir, liebe Alexandra Walkowiak, danke ich von Herzen für alles. Du bist eine tolle Tierschützerin, die beste Webmasterin der Welt und eine klasse Freundin. Ohne Dich wäre für mich im „World Wide Web" vieles nicht möglich.

◼ Ich bedanke mich auch bei meinen anderen engen Freunden: Daniela Liefke, Silvia Mark, Susanne Niesen, Katja Keller, Susi Schmidt, Mandy Gasteier

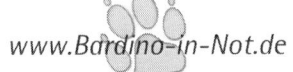

und Corinna Karrenberg, die Tiere lieben, nicht im Tierschutz tätig sind, aber trotzdem eng mit mir verbunden sind. Schön, dass wir immer füreinander da sein können!

■ Ein besonderer Dank gebührt natürlich Armin Willemsen, meinem supertollen Lektor und wunderbaren Freund, der mich zur Höchstleistung antrieb und mit dem ich außergewöhnlich gut zusammen nachdenken kann. Es war das Beste, was mir passieren konnte, dass ich so einen tollen Lektor wie Dich gefunden habe. Ich habe viel von Dir gelernt.

■ Vielen Dank auch an Jessica Allkemper, die meine Worte und Bilder in Form gebracht und damit dieses Buch gestaltet hat. Durch den traurigen und plötzlichen Tod Deiner Bardino-Mischlingshündin „Penny" haben wir uns kennen gelernt. Doch durch ihren Abschied ist auch eine Freundschaft entstanden, für die ich sehr dankbar bin. Lass uns weiter für die Tiere kämpfen.

■ Danke auch an Inka Sickert, die schon vor einigen Jahren einige Kapitel des Buches gelesen hat und mir Anregungen gab, die ich dankbar aufgriff. Du bist immer da, wenn man Dich braucht!

■ Dir, Christiane Herold, danke ich für Deine Denkanstöße und fürs Zuhören. Christiane und Inka, ihr beiden seid für mich das „Herz der THF". Ich bin sehr froh, Euch zu kennen!

■ Auch Dir, liebe Saskia Stüven, danke ich dafür, dass du seit vielen Jahren unermüdlich mit Deinem Okapi-Team Tiere auf Fuerteventura rettest.

■ Klaus Karrenberg danke ich für die immer wiederkehrenden Gespräche und Diskussionen rund um den Hund.

■ Anna Wellhausen, Undine Gulde, Delia Burghauve, Tanja Paselk, Denise Pühler, Sonja Bürsch, Martin Sattler, Claudia Mann, Ute Zimmermann, Gitta Struck, Margarethe Schwarze, Moni Beck und Carmen Gieriet, meine lieben Tierschutzfreunde, mit denen man im wahrsten Sinne des Wortes Pferde stehlen kann, danke ich für die vielen Lichtblicke im leider oftmals dunklen Tierschutzalltag.

www.Bardino.de

■ Immer wenn ich mir fast die Zähne an schwierigen spanischen Texten ausbiss, war meine liebe galicische Freundin, Clara Lopez-Castro, zur Stelle, um mir zu helfen. Clara, seit Jahren hilfst Du mir bei meiner spanischen Korrespondenz und bei der Übersetzung von schwierigen und teilweisen uralten Aufzeichnungen und Schriften. Was wäre meinen Leser und mir alles über den Bardino und die Geschichte der Guanchen verborgen geblieben, wenn ich Dich nicht an meiner Seite hätte. Siggi und Dich habe ich nun wirklich mit dem „Bardinovirus" infiziert. Eines Tages werdet auch Ihr einen Bardino Euer Eigen nennen, da bin ich mir ganz sicher! Clara, ich danke Dir von Herzen für all die Stunden, die Du mir und dem Tierschutz von Deiner kostbaren Zeit geschenkt hast.

■ Des Weiteren danke ich vier tollen Frauen Iris Overbeck, Susanne Engertsberger, Bärbel Ahlers und Julia Kester für die Übersetzungen kleinerer Texte. Danke für Eure Mühe.

■ Die Liste könnte noch endlos weiter gehen ...
Ich danke dem Rest meiner Familie, besonders meiner Oma Else Schlosser und allen, die mit mir befreundet sind (im In- und Ausland), die Tiere lieben und den Tierschutz unterstützen!

■ Besonders natürlich dem Team der Tierhilfe Fuerteventura e.V., Okapi, der Finca Esquinzo, der Finca Baba und den vielen anderen Tierschützern, mit denen ich zusammenarbeite. Nicht böse sein, wenn Ihr nicht namentlich in diesem Buch erwähnt werdet, aber Ihr wisst ja, wer Ihr seid und was Ihr mir bedeutet. Schön, dass es Euch gibt!

Das Tier hat ein fühlendes Herz wie Du,
Das Tier hat Freude und Schmerz wie Du,
Das Tier hat einen Hang zum Streben wie Du,
Das Tier hat ein Recht zu leben wie Du.
Peter Roßegger (1843-1918)

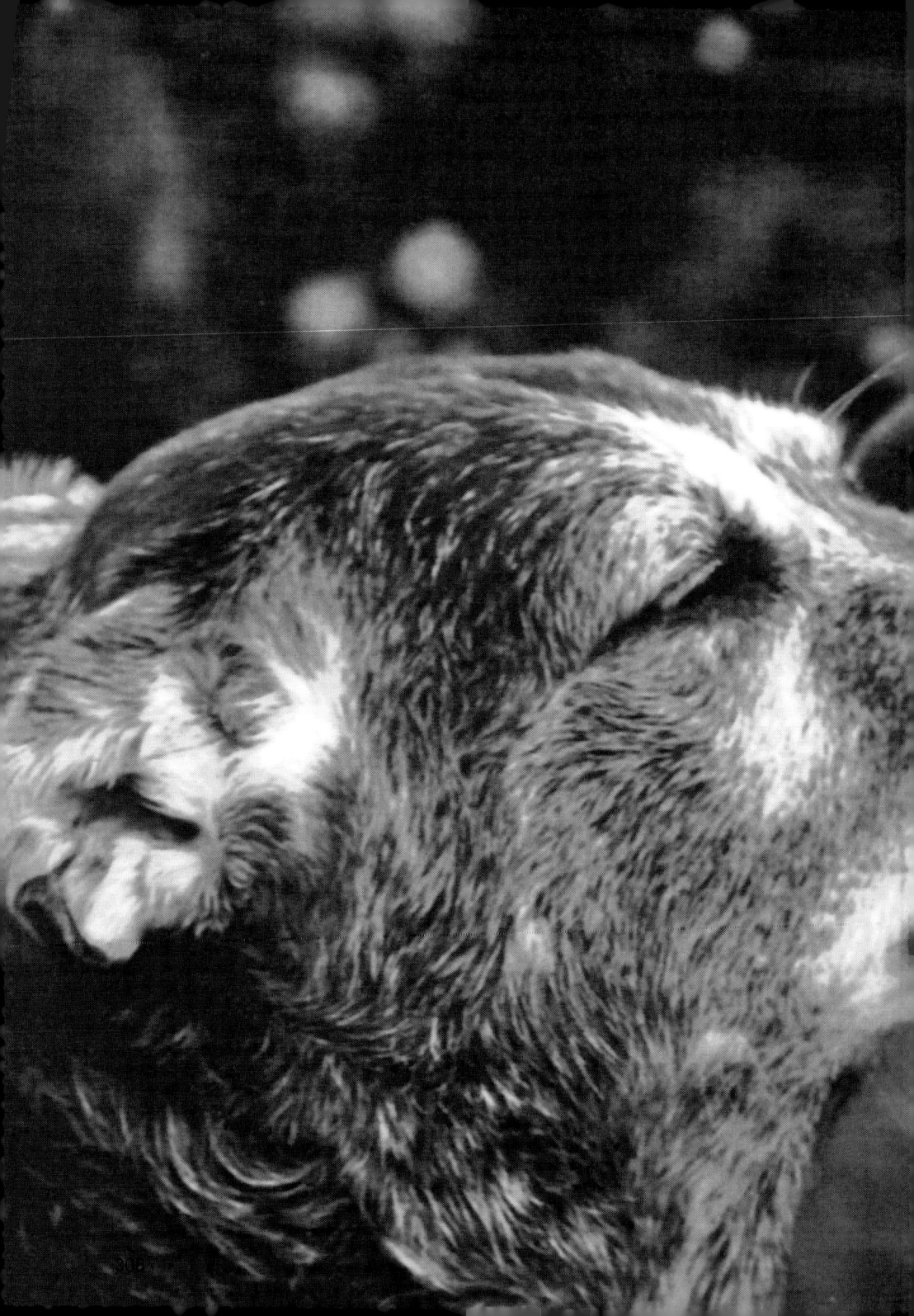